JN198831

大地のビジュアル大図鑑
2
日本列島5億年の旅

地球は生きている
火山と地震

監修（火山）：萬年一剛　監修（地震）：後藤忠徳

阿蘇山（熊本県）

地球は生きている 火山と地震

もくじ

◉ 表紙の写真

桜島の噴火

写真:竹下光士

◉ 裏表紙の写真

城ヶ島の断層

写真:竹下光士

1章 火山 大地にひそむエネルギー

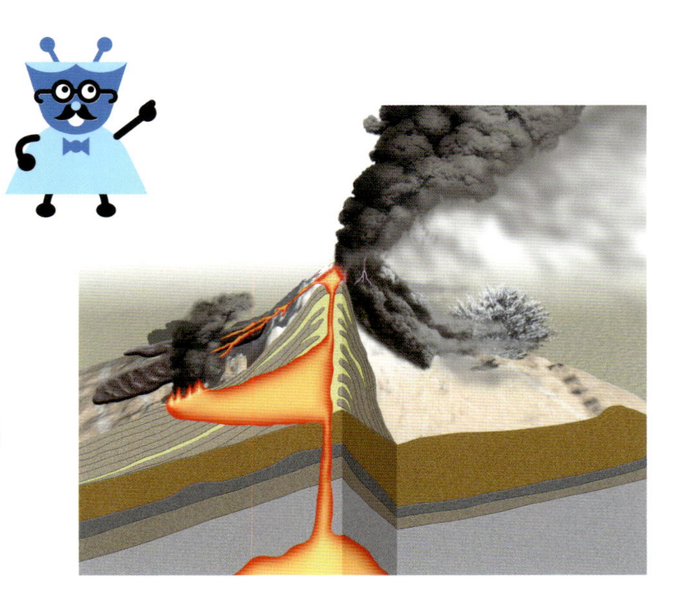

富士山(p.22)

写真:竹下光士

北海道胆振東部地震の山崩れ(p.26)

東日本大震災の被害(p.39)

2章 地震 大地をゆらすエネルギー

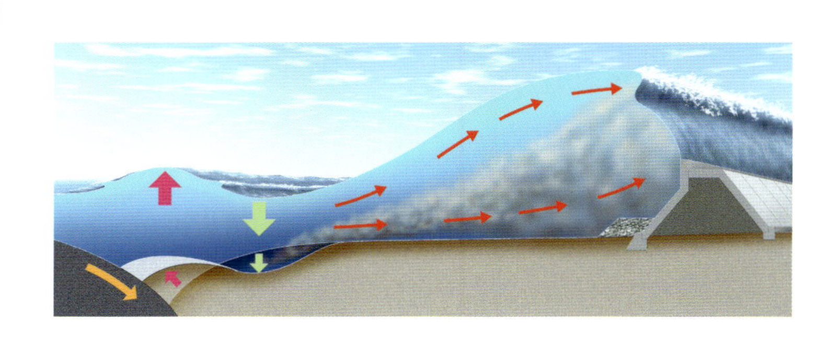

はじめに

火山が噴火すると、真っ赤な溶岩や黒ぐろとした火山灰を噴出します。噴火していなくても火口からは火山ガスをはきだしているかもしれません。このような火山をみなさんはこわいと感じるかもしれず、たしかに噴火は人間の命やくらしをうばうことがあります。

いっぽう、火山は温泉やすばらしい風景、金・銀・銅のような貴重な金属資源を人間にあたえてきました。火山なしに、人間は豊かな生活を営めません。それどころか、人間は生まれてこなかったかもしれないのです。

この本を読んで火山に興味をもち、地球のふしぎを解きあかしたり、災害をふせぐ方法を考えたりする人がたくさん育ってくれるといいなと楽しみにしています。

萬年一剛

ふだんは動かない地面が、ときおりガタガタとゆれうごくことがあります。地震です。地震のゆれによって山や平地のようすや形が大きくかわることもあります。海底で地震が起これば、大きな津波も発生します。このような急激な地面の変化は、なぜ起こるのでしょう？　地面の下はどうなっているのでしょうか？

この本では、地震や津波のようすやその正体、日本ではなぜ地震が多いのか？　といった謎について、最新の科学調査もまじえながらやさしく解説しています。日ごろの準備や過去に日本をおそった地震のことも、わかりやすく説明しています。地震についての正しい知識をもつことは、地震のときにあわてずに自分や家族や友だちを守るために大切です。

後藤忠徳

この本の使い方

この本は、わかりやすいイラストと迫力のある写真を使い、火山と地震の正体と起こるしくみなどをやさしく紹介しています。

1章 「火山」について、噴火のしくみや火山に関するさまざまな現象、日本に火山が多い理由などを紹介しています。

2章 「地震」について、地震が起こる理由や、日本で起こった地震とその被害の歴史などを紹介しています。また、防災について役に立つ情報なども紹介しています。

見開き（2ページ）で1つのテーマをあつかう。

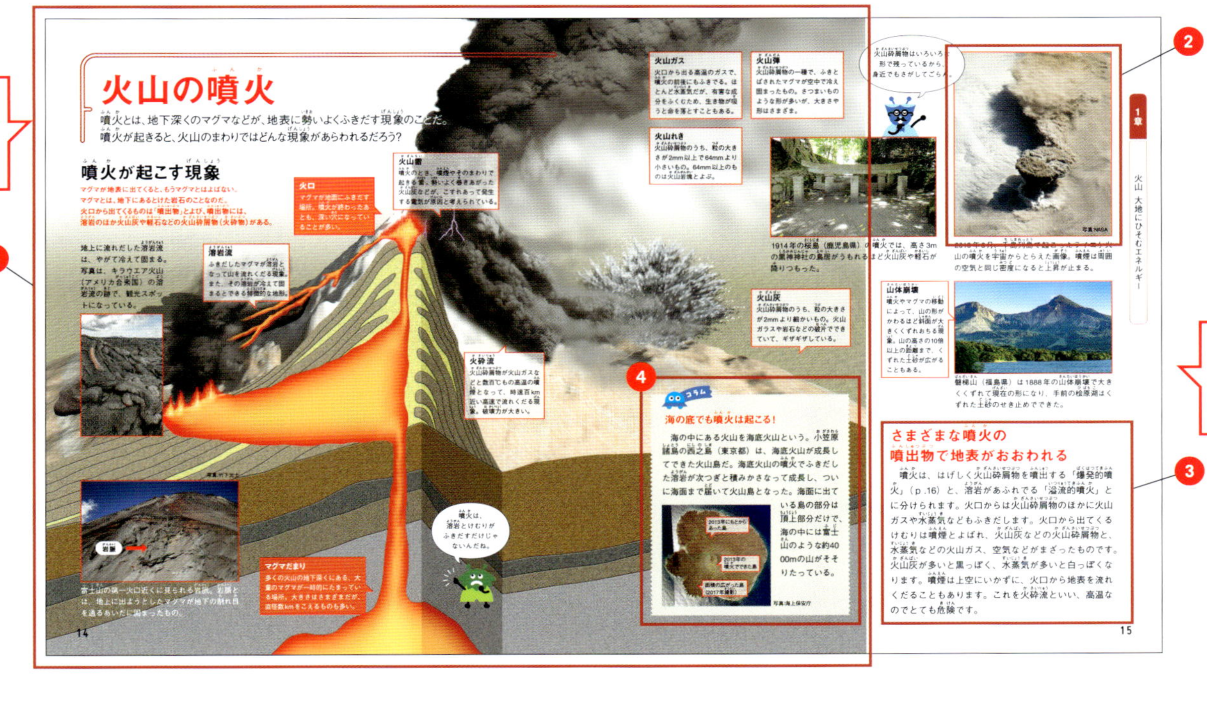

火山の噴火
噴火が起こす現象
さまざまな噴火の噴出物で地表がおおわれる
海の底でも噴火は起こる!
1
2
3
4
14
15

たくさんの写真とイラストを使ったわかりやすい解説。

1 図解イラスト
火山と地震のしくみ、地震が起こるメカニズムなどをイラストでくわしく解説。

2 写真
それぞれの現象を実際の写真で紹介。また、見開きによってはグラフや地図などを用いて解説している。

3 本文
その見開きであつかっている内容をわかりやすくまとめて紹介している。

4 コラム・インタビュー
この見開きのテーマと関係のある話題や、役に立つ知識、専門家からの話を紹介している。

アイコン ◉ アイコンは、シリーズ「日本列島5億年の旅 大地のビジュアル大図鑑」の全6巻共通で使用しています。

ほかの巻に関連する内容は、以下のアイコンで示している。

- 1巻 地球の中の日本列島
- 3巻 時をきざむ地層
- 4巻 大地をつくる岩石
-  5巻 大地をいろどる鉱物
- 6巻 大地にねむる化石

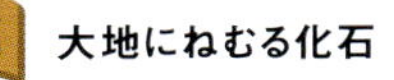

- 水 水に深くかかわるもの。
- くらし 人びとのくらしにとって大切なもの。
- 歴史 昔から人に深くかかわりがあるもの。

（例）

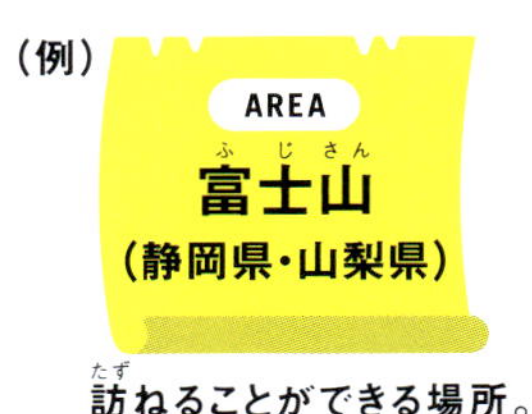

AREA
富士山
（静岡県・山梨県）

訪ねることができる場所。

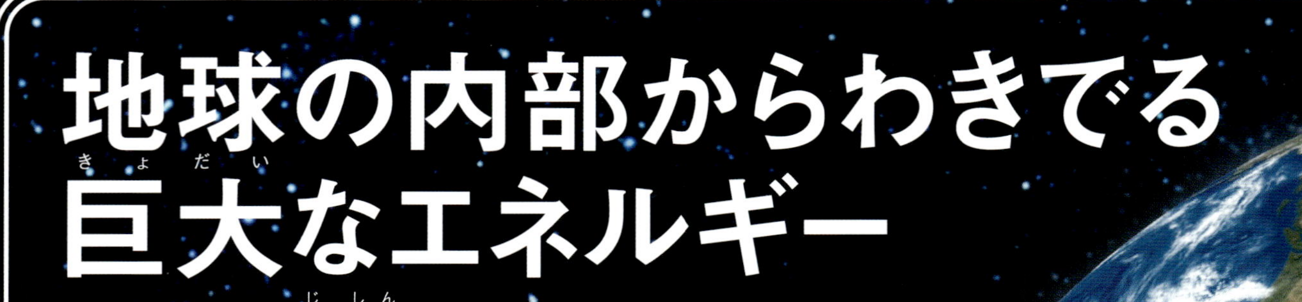

地球の内部からわきでる巨大なエネルギー
～火山と地震～

誕生から46億年、地球は絶えず動きつづけている。
地球上で起こる火山の噴火や地震は、私たちが感じることのできる地球の動きだ。

火口では溶岩の中のあわがはじけて、赤い火の粉のようなしぶきが飛びちっている。同時に火口からあふれた溶岩が四方に流れでている（ファグラダルスフィヤットル火山／アイスランド）。

大地が動いて巨大な力がかかったことで大きく地層がずれ、地表に長大な地割れが出現した（トルコ）。

火山と地震は、地球の活動とどんな関係があるのか、さぐってみよう！

地上でこんな大きな現象が起きるなんて、ものすごいエネルギー！

火山も地震も、地球が活発に活動している証拠なんだ。さあ、見にいこう！

きっと地下のずっと深い場所で、何かが起きているんだよね？

火山ってどんな山だろう？

マグマが地下から地表にふきだしてできた地形を火山とよぶ。
ところが、山の形をしていない火山もたくさんある。火山とはいったいなんだろう?

◉ 噴火する桜島（鹿児島県）
桜島は日本でもっとも活発な火山のひとつ。何度も大噴火をくりかえし、ときには溶岩を流して形をかえてきた。今でも毎日のように小規模な噴火をくりかえしている。
写真:竹下光士

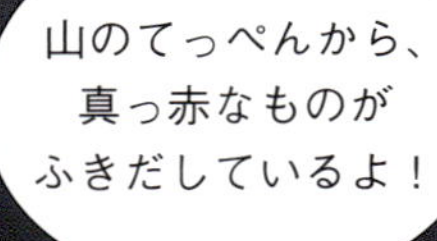
山のてっぺんから、真っ赤なものがふきだしているよ！

けむりみたいなものも、どんどん出てくるね！

マグマは、地下にあるとけた岩石のことだ。噴火のたびにふきだして、今ある火山の形をつくってきたんだよ。

火山の形はいろいろ

火山と聞いて思いうかぶのは高い山？　それとも、はげしく溶岩をふきだす山？　でも、目立つ盛りあがりのないおだやかな丘のように見える火山や、大きな穴のようにへこんでいる火山さえあります。火山の形は流れでた溶岩の性質や量、噴火が起こった場所などによってかわります。

今、まさに噴火している場所だけではなく、火山活動で生まれたさまざまな地形や、地下の深いところにあるマグマが地上にふきだすしくみなどもふくめて「火山」とよびます。

成層火山

◉ 羊蹄山（北海道）

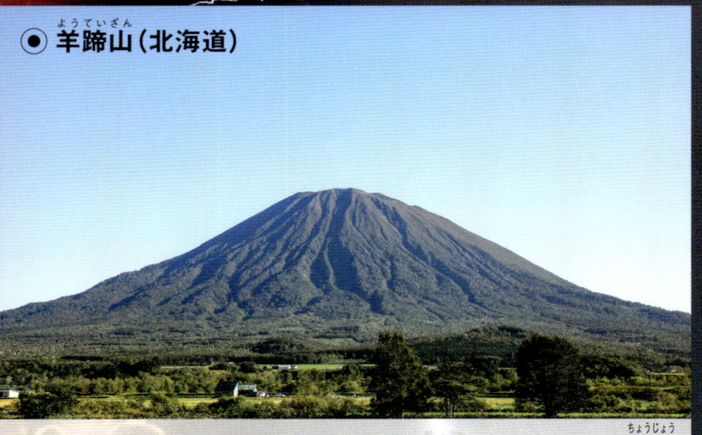

すらりとした円すい形の火山。日本に多い火山の形で、頂上に向かって急な斜面をもつ。

溶岩ドーム

◉ 樽前山（北海道）

おわんをふせたような形に大きく盛りあがった火山。「溶岩円頂丘」ともよばれる。

カルデラ

◉ 十和田湖（青森県・秋田県）

噴火などによって広く深くくぼんだ場所。水がたまって湖になっていることが多い。

楯状火山

◉ マウナケア火山（アメリカ合衆国）

とてもなだらかで長い裾野をもち、西洋の楯をふせたような形に見える（写真奥）。

地球の火山分布

日本は、「火山列島」とよばれるほどたくさんの火山がある。
でも、世界にはほとんど火山のない地域もある。火山が生まれるのは、地球上のどんな場所だろう。

プレートの移動が火山をつくる 1巻

世界には約1500もの火山があるとされていますが、どこにでも火山があるというわけではありません。

地球の表面は、十数枚のプレート（p.11）でおおわれています。下の地図にえがかれたパズルのような線は、プレートの境目です。それぞれのプレートは、1年間に数cmというとてもゆっくりとしたスピードで移動しているため、境目ではプレートが別のプレートの下に沈みこんだりはなれたりしています。世界地図を見ると、火山がこのプレートの境目の近くに集中して存在していることがわかります。

いっぽうで、プレートの境目ではないところにも、火山がならんでいるところがいくつかあります。じつはこれも、プレートがゆっくりと移動していることに秘密があります。火山ができる場所とプレートの動きには、深い関係があるのです。

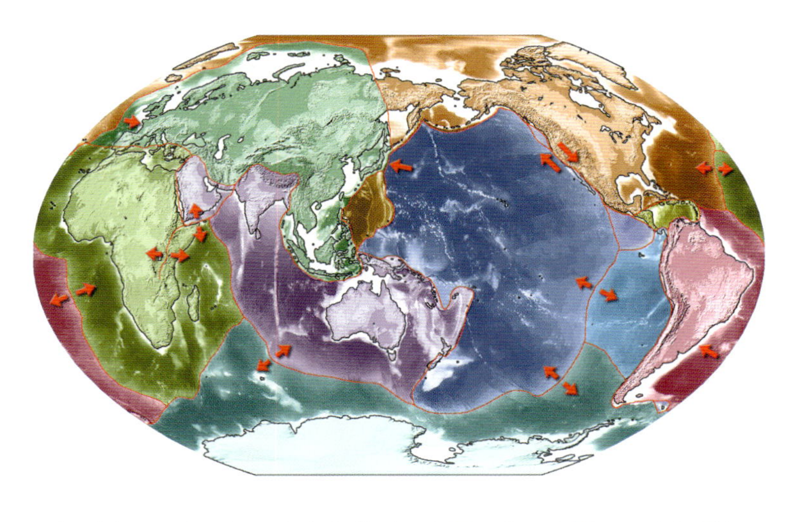

地球をおおうプレートを色分けした図。赤い矢印は、それぞれのプレートの動きを示している。

世界のプレート境界と火山分布図

赤い三角形は火山の印だ。
プレートの境目にそって、
たくさんの火山が帯のようにならんでいる。

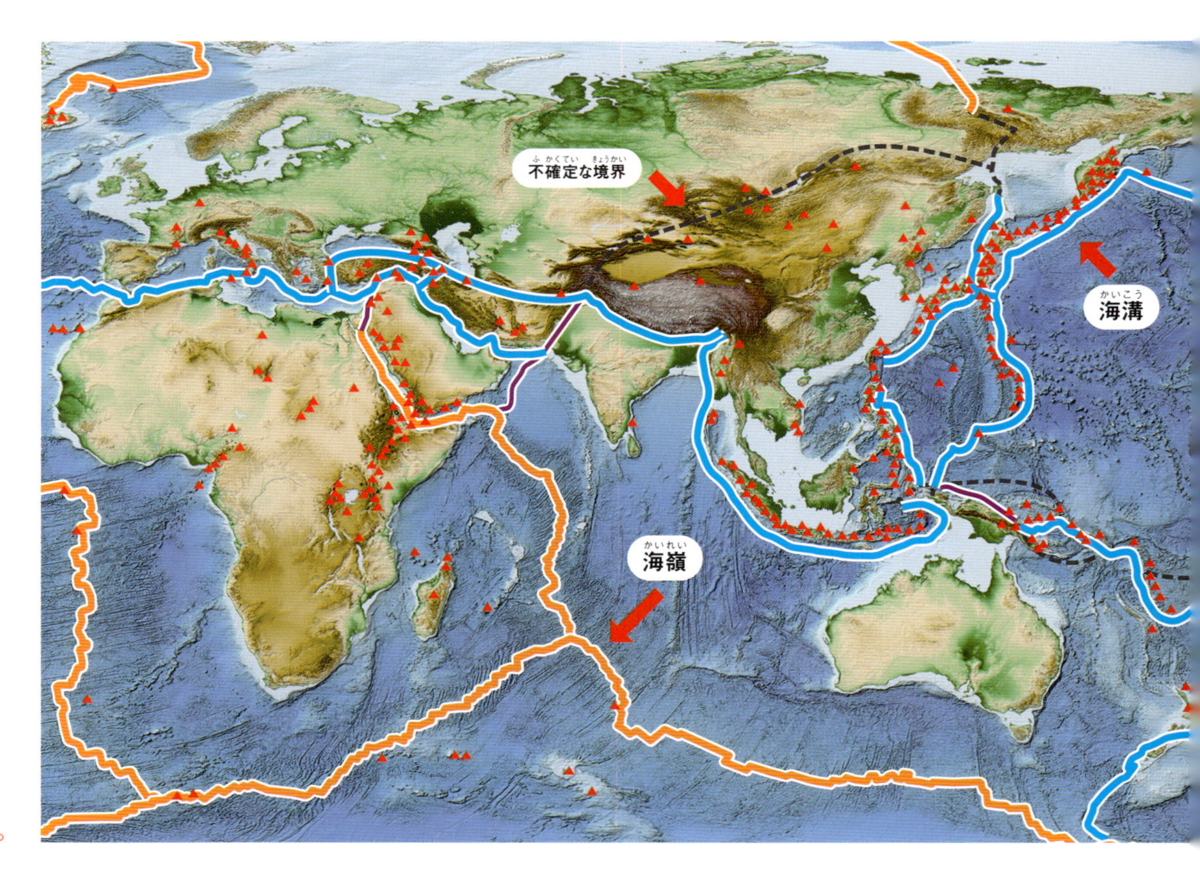
不確定な境界
海溝
海嶺

火山が生まれるおもな場所

火山ができるおもな場所は「海溝付近」、「海嶺」、そして「ホットスポット」の3つだ。これらの場所はそれぞれの理由でマグマがたまりやすくなっていて、地下のマグマが地表に噴出すると火山ができる。

水 1巻

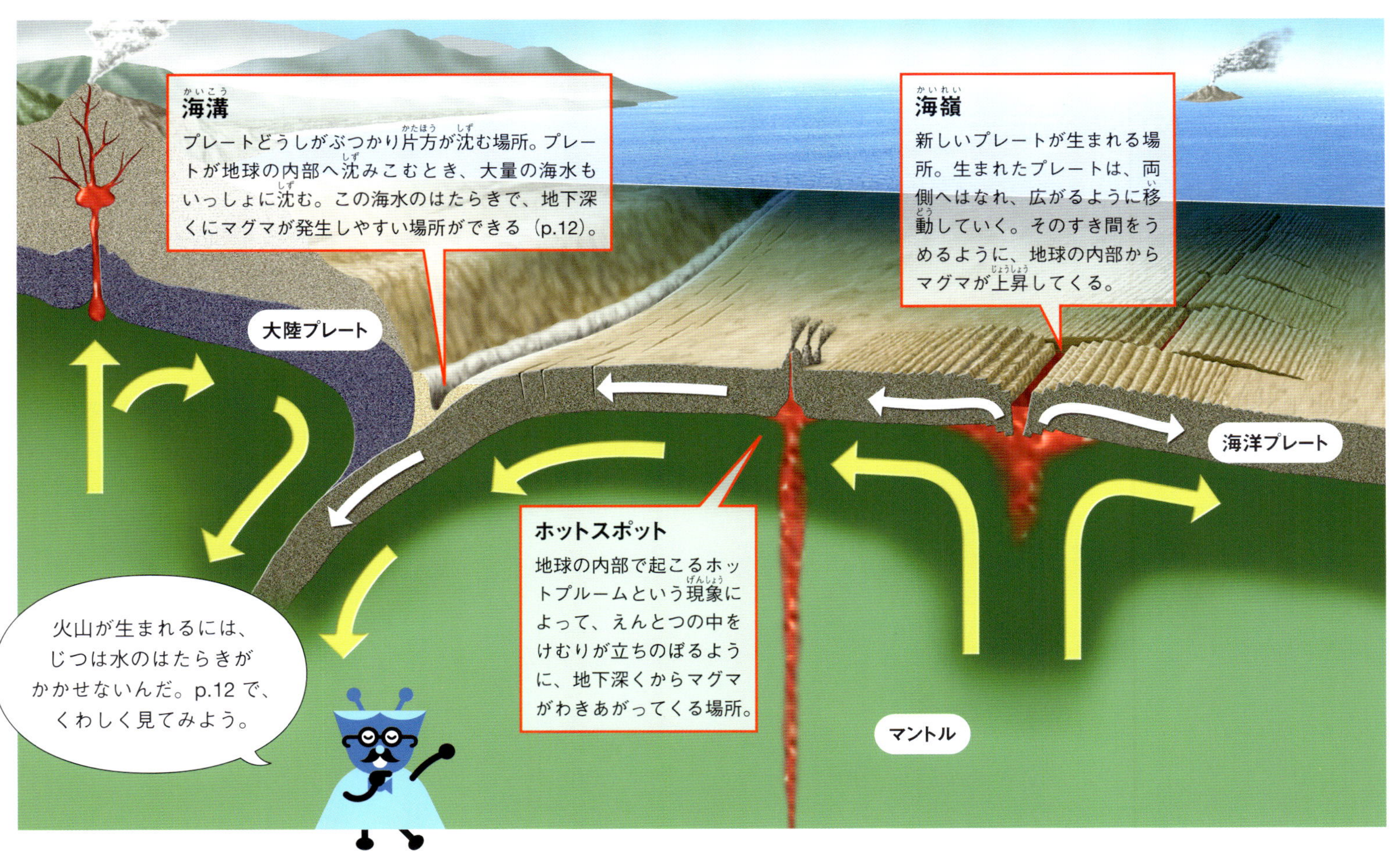
海溝
プレートどうしがぶつかり片方が沈む場所。プレートが地球の内部へ沈みこむとき、大量の海水もいっしょに沈む。この海水のはたらきで、地下深くにマグマが発生しやすい場所ができる（p.12）。
海嶺
新しいプレートが生まれる場所。生まれたプレートは、両側へはなれ、広がるように移動していく。そのすき間をうめるように、地球の内部からマグマが上昇してくる。
大陸プレート
海洋プレート
ホットスポット
地球の内部で起こるホットプルームという現象によって、えんとつの中をけむりが立ちのぼるように、地下深くからマグマがわきあがってくる場所。
マントル
火山が生まれるには、じつは水のはたらきがかかせないんだ。p.12 で、くわしく見てみよう。

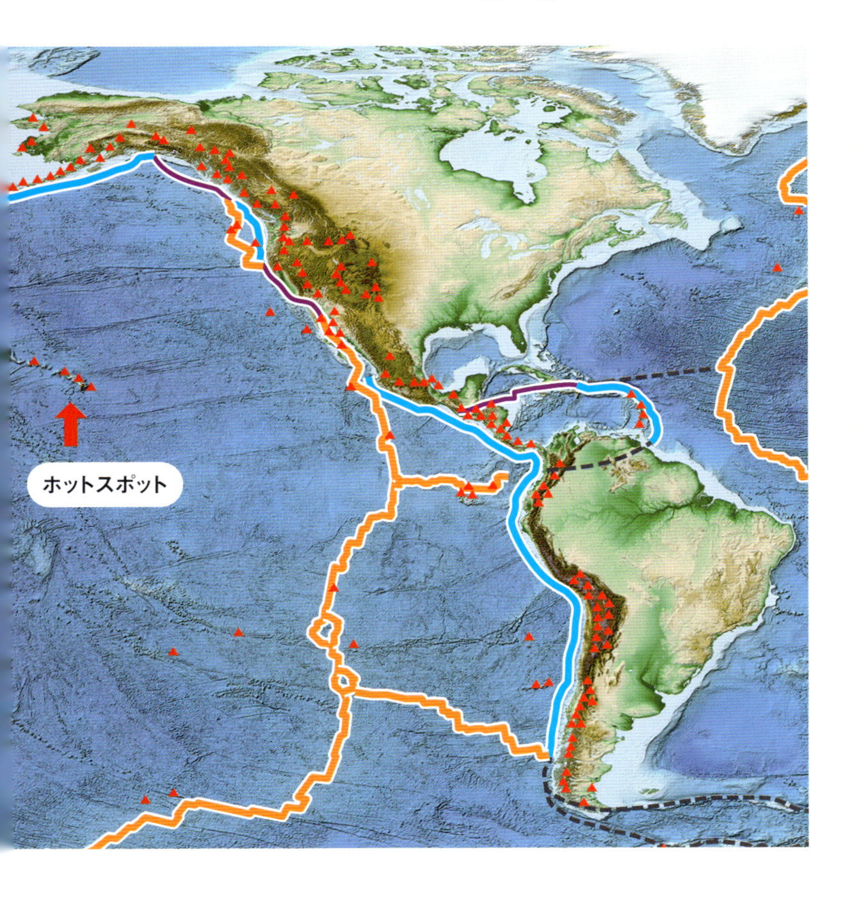
ホットスポット

コラム

火山の行列を生みだすホットスポット

ホットスポットは位置をほぼかえないが、プレートはゆっくりと移動しつづけている。このため、プレートに火山ができたあと、ホットスポットと火山はだんだんはなれていき、また別の場所に新しい火山がつくられる。このくりかえしで、プレートの進む方向にそった火山の行列が生みだされる。

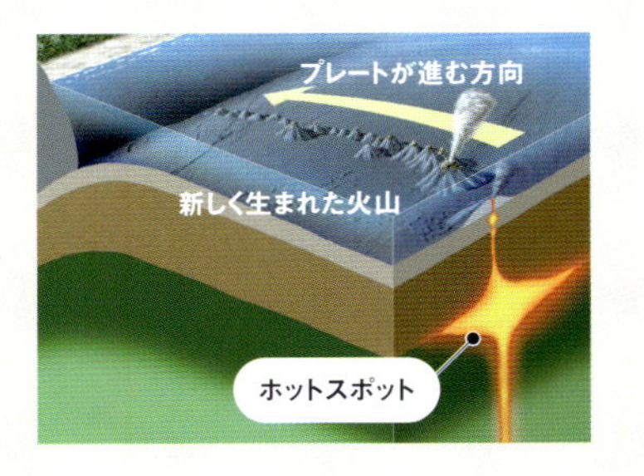
プレートが進む方向
新しく生まれた火山
ホットスポット

用語解説 プレート

地球の表面をおおう地殻と、その下にあるマントルのかたい部分が合わさった岩盤のこと。海をのせている「海洋プレート」と大陸をのせている「大陸プレート」があり、厚さは数kmから約百kmにわたる。

噴火のしくみ

温度や圧力が下がるとマグマはあわだって軽くなり、やがて地表まで上昇して噴火する。
これは、炭酸ジュースのふたを開けるとあわだってふきこぼれるしくみとよく似ている。

マグマの上昇が噴火を起こす!

圧力が下がったり水が加わったりすると、岩石はとけてマグマになります。たとえば、高い圧力がかかる深さ100kmのところにある岩石は、1400℃の温度でも固体です。ところが1400℃のまま圧力の低い地表近くまで持ってくると、どろどろにとけてしまいます。また、岩石に水が加わると、とける温度は一気に下がり、深さが同じ100kmでも水が加わると約1200℃でとけはじめてしまうのです。

マグマはまわりの岩石よりも軽いため上昇し、地下数km～数十kmのところにくると上昇をやめてマグマだまりをつくります。マグマだまりで冷えて固まるマグマも多くありますが、マグマにとけていた水が気体になってふくらむとマグマはあわだつことがあります。中にとけていた炭酸ガスがあわだつ炭酸ジュースと同じです。あわだって軽くなったマグマはマグマだまりを破壊して地表にふきだします。これが噴火です。

噴火が起こるまで 水

地中深くのマントルは水と減圧の作用でマグマにすがたをかえ、地上に向かって上昇を始める。火山はマグマが地上に出る出口なのだ。

マグマだまり
地球の上部マントルからわきあがった大量のマグマが、一時的にたまっている場所。このマグマが地表まで上昇すると噴火が起こる。

5 まわりの岩石のほうが軽くなる地下数km～数十kmで上昇をやめて、マグマだまりをつくる。

4 まわりの岩石より軽いマグマは、マントルの中を地表に向かってのぼっていく。

3 しみだした水のはたらきでマントルの一部がとけてマグマになる。

2 海洋プレートが深くもぐりこんで温度や圧力が上がると、水がしみでてマントルに移動する。

コラム 1巻

マグマのふるさと“マントル”

マグマのもとになるマントルは、地球の中心にある核の熱であたためられて軽くなり、1年に数cmのスピードで地表に向かってのぼっていく。いっぽう、地表近くで温度の下がったマントルは重くなり、地球の中心に向かって少しずつ沈んでいく。

核 中心部は6000℃をこえる高温で、固体の内核と液体の外核に分かれている。

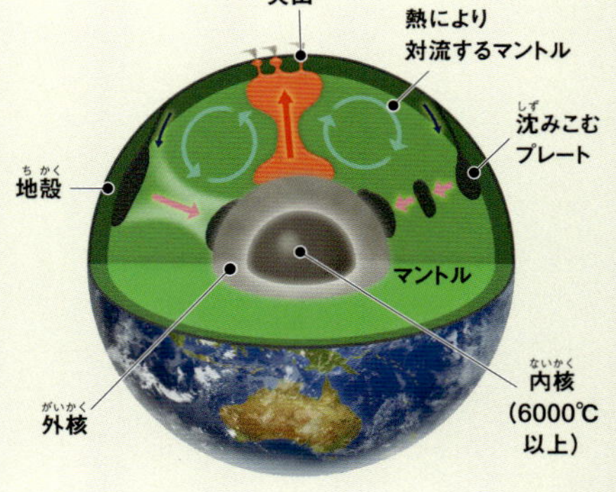

火山
熱により対流するマントル
沈みこむプレート
地殻
マントル
外核
内核
(6000℃以上)

マグマだまりで起こっていること

マグマだまりの中で、マグマの温度が下がって結晶ができるなど、ふくまれている水がとけきれなくなってあわだつ。地震のゆれの影響で、急激に進むこともある。

1

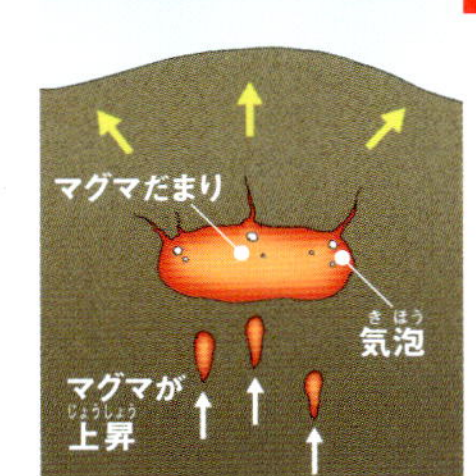
マグマだまり
気泡
マグマが
上昇

上昇したマグマがマグマだまりにたまると、やがて水がとけきれなくなってあわだつ（気泡ができる）。

2

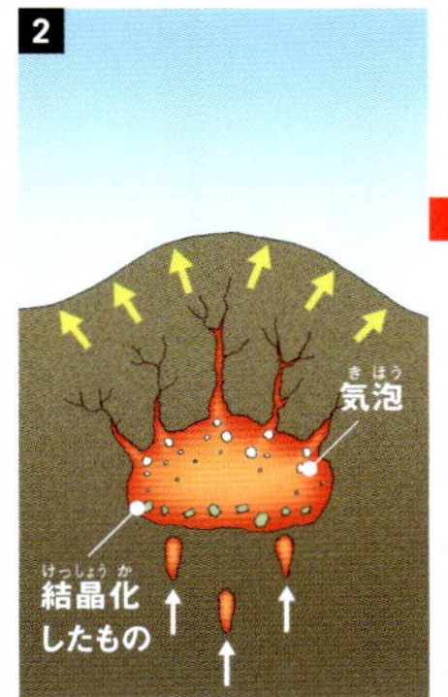
気泡
結晶化
したもの

たくさんあわだつ（気泡がふえる）とマグマの密度が低くなり、軽くなることでふたたび上昇する。

3

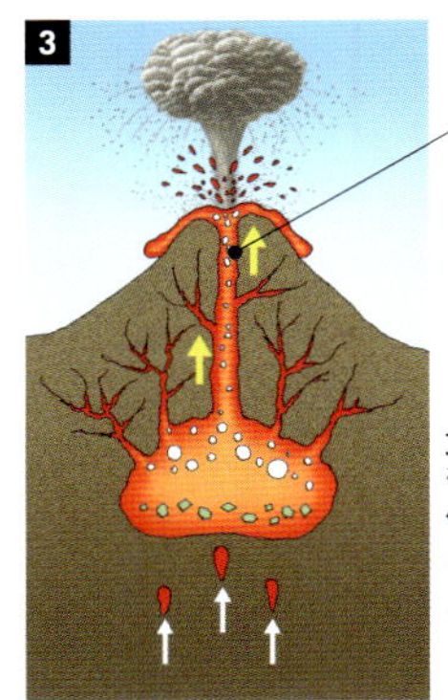

あわだって軽くなったマグマが上昇してふきだす。

あわだったマグマが地表まで上昇すると、炭酸ジュースが一気にふきだすように、マグマが火口からふきだす。

大陸プレート

大陸を形成するプレート。おもに花崗岩でできた大陸地殻とマントルの最上部からなる。海洋プレートよりも年代が古いことが多い。

噴火のしくみを
炭酸ジュースで考えると、
よくわかるね！

1 大量の海水をふくんだ海洋プレートが、海溝で下に沈みこんでいく。

海洋プレート

海底を形成するプレート。おもに玄武岩でできた海洋地殻と、マントルの最上部からなる。大陸プレートにくらべてうすいが重い。

マグマや火山が
つくられるためには
水が必要だなんて、
ビックリだよ！

マントル

地殻の下から地球の中心にある核の間の部分。かんらん岩という緑色の重い岩石でできている。地球の体積の80%以上をしめる。

火山の噴火

噴火とは、地下深くのマグマなどが、地表に勢いよくふきだす現象のことだ。
噴火が起きると、火山のまわりではどんな現象があらわれるだろう?

噴火が起こす現象

マグマが地表に出てくると、もうマグマとはよばない。マグマとは、地下にあるとけた岩石のことなのだ。火口から出てくるものは「噴出物」とよび、噴出物には、溶岩のほか火山灰や軽石などの火山砕屑物（火砕物）がある。

地上に流れだした溶岩流は、やがて冷えて固まる。写真は、キラウエア火山（アメリカ合衆国）の溶岩流の跡で、観光スポットになっている。

写真:竹下光士

岩脈

富士山の第一火口近くに見られる岩脈。岩脈とは、地上に出ようとしたマグマが地下の割れ目を通るあいだに固まったもの。

火口
マグマが地面にふきだす場所。噴火が終わったあとも、深い穴になっていることが多い。

火山雷
噴火のとき、噴煙やそのまわりで起きる雷。勢いよく巻きあがった火山灰などが、こすれあって発生する電気が原因と考えられている。

溶岩流
ふきだしたマグマが溶岩となって山を流れくだる現象。また、その溶岩が冷えて固まるとできる特徴的な地形。

火砕流
火山砕屑物が火山ガスなどと数百℃もの高温の噴煙となって、時速百km近い高速で流れくだる現象。破壊力が大きい。

マグマだまり
多くの火山の地下深くにある、大量のマグマが一時的にたまっている場所。大きさはさまざまだが、直径数kmをこえるものも多い。

噴火は、溶岩とけむりがふきだすだけじゃないんだね。

火山ガス

火口から出る高温のガスで、噴火の前後にもふきでる。ほとんど水蒸気だが、有害な成分をふくむため、生き物が吸うと命を落とすこともある。

火山弾

火山砕屑物の一種で、ふきとばされたマグマが空中で冷え固まったもの。さつまいものような形が多いが、大きさや形はさまざま。

火山れき

火山砕屑物のうち、粒の大きさが2mm以上で64mmより小さいもの。64mm以上のものは火山岩塊とよぶ。

火山砕屑物はいろいろな形で残っているから、身近でもさがしてごらん。

1914年の桜島（鹿児島県）の噴火では、高さ3mの黒神神社の鳥居がうもれるほど火山灰や軽石が降りつもった。

写真:NASA

2019年6月、千島列島で起こったライコケ火山の噴火を宇宙からとらえた画像。噴煙は周囲の空気と同じ密度になると上昇が止まる。

火山灰

火山砕屑物のうち、粒の大きさが2mmより細かいもの。火山ガラスや岩石などの破片でできていて、ギザギザしている。

山体崩壊

噴火やマグマの移動によって、山の形がかわるほど斜面が大きくくずれおちる現象。山の高さの10倍以上の距離まで、くずれた土砂が広がることもある。

磐梯山（福島県）は1888年の山体崩壊で大きくくずれて現在の形になり、手前の桧原湖はくずれた土砂のせき止めでできた。

コラム

海の底でも噴火は起こる！

海の中にある火山を海底火山という。小笠原諸島の西之島（東京都）は、海底火山が成長してできた火山島だ。海底火山の噴火でふきだした溶岩が次つぎと積みかさなって成長し、ついに海面まで届いて火山島となった。海面に出ている島の部分は頂上部分だけで、海の中には富士山のような約4000mの山がそそりたっている。

2013年にもとからあった島
2013年の噴火でできた島
面積の広がった島（2017年撮影）

写真:海上保安庁

さまざまな噴火の噴出物で地表がおおわれる

噴火は、はげしく火山砕屑物を噴出する「爆発的噴火」（p.16）と、溶岩があふれでる「溢流的噴火」とに分けられます。火口からは火山砕屑物のほかに火山ガスや水蒸気などもふきだします。火口から出てくるけむりは噴煙とよばれ、火山灰などの火山砕屑物と、水蒸気などの火山ガス、空気などがまざったものです。火山灰が多いと黒っぽく、水蒸気が多いと白っぽくなります。噴煙は上空にいかずに、火口から地表を流れくだることもあります。これを火砕流といい、高温なのでとても危険です。

噴火のしかたと火成岩

火山の噴火と聞くと、溶岩がふきだしたり、噴煙が高く立ちのぼったりするようすを想像しがちだが、実際には、マグマのねばりけや爆発の程度などによって噴火のしかたはことなる。

マグマ噴火

溶岩には、さらさらと何kmも先まで流れるものもあれば、ドロッとしすぎていてほとんど流れないものもあります。こうしたねばりけのちがいが、火山の形や噴火のようすにちがいを生みだします。ねばりけの強さは、おもにマグマにふくまれる二酸化ケイ素という成分の量によってかわります。

火山の形を見て、どんなふうに噴火したのか想像してみよう。

キラウエア火山（アメリカ合衆国）のさらさらと流れくだっていく溶岩。

マグマがつくる火山の形

マグマのねばりけのちがいによって、火山の形には特徴があらわれやすい。それぞれの特徴を見てみよう。

◉ ねばりけが強い

軽石を出すはげしい噴火。マグマから火山ガスがぬけにくいため、爆発的な噴火をしたり火砕流を起こしたりしやすい。溶岩はほとんど流れず盛りあがった地形をつくる。

爆発的噴火の強さ：強い
火山の形の特徴：溶岩ドーム（溶岩円頂丘）
火山の例：樽前山（p.9）、昭和新山（p.23）

◉ ねばりけが中くらい

軽石やスコリア（p.17）を出す噴火。溶岩はほどほどに流れる。噴火のしかたはそのときによってさまざま。火山灰などの層と溶岩の層が交互に重なった火山ができる。

爆発的噴火の強さ：中くらい
火山の形の特徴：成層火山
火山の例：羊蹄山（p.9）、富士山（p.22）

◉ ねばりけが弱い

スコリアを出す噴火。ねばりけの弱いマグマからは火山ガスがぬけやすいため、おだやかに噴火することが多い。溶岩は広い範囲へゆるやかに流れだし、くりかえし噴出するとなだらかな形の山をつくる。

爆発的噴火の強さ：弱い
火山の形の特徴：楯状火山
火山の例：キラウエア火山（p.14）

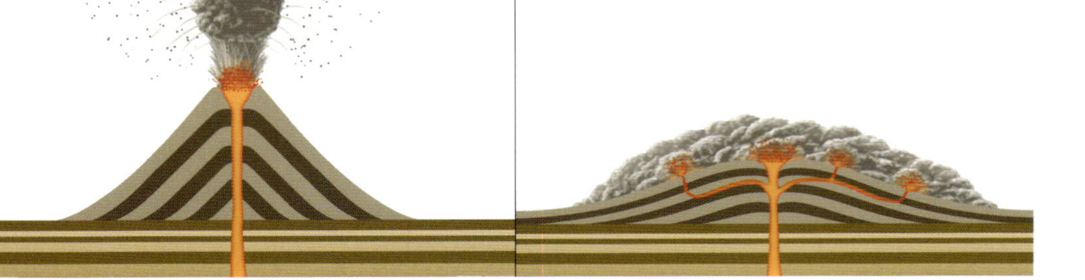

水蒸気噴火

マグマの熱で地下水や海水が一気にふっとうすると、水が水蒸気になることで体積が1000倍以上にふくらむため、爆発を起こすことがあります。これを「水蒸気噴火」といいます。また、マグマが地下水や海水に直接ふれて爆発した場合は「マグマ水蒸気噴火」とよばれます。

ふっとうしている温泉があるような場所では、マグマの動きが何もなくても、とつぜんふっとうが進んで爆発することがあります。これも水蒸気噴火の一種で、「熱水噴火」とよびます。

2000年に起こった、有珠山（北海道）のマグマ水蒸気噴火。有珠山は20年から50年に一度ほど噴火をくりかえしているが、それぞれ噴火の場所や規模はちがっている。

コラム

軽石も火山から生まれたのか！

軽石ってなに？

たくさん小さな穴があいた白っぽい火山砕屑物を「軽石」とよぶ。マグマの中の火山ガスがあわだったまま冷えて固まったもので、水にうくものもある。軽石のうち、色が黒いものは「スコリア」とよばれる。

◉ 軽石

所蔵:畠山泰英

◉ スコリア

マグマが固まった「火成岩」 4巻 5巻

マグマが冷えて固まってできた岩石を火成岩といい、そのでき方によって「火山岩」と「深成岩」に分けられます。また、火山岩と深成岩は化学組成やふくまれる鉱物によってさらに細かく分類されます。火成岩の種類のちがいは、マグマが冷えて固まったときの環境のちがいをあらわしています。

火山岩

地表やその近くで一気に冷えて固まった岩石。細かい結晶やガラスの中に大きめの鉱物の結晶がまばらに散らばったつくりをしている。

所蔵:国立科学博物館

◉ 流紋岩

白っぽい色をしているのが特徴。透明な石英や長石といった鉱物を多くふくむ。

所蔵:国立科学博物館

◉ 安山岩

玄武岩と流紋岩の中間の性質をもつ。斜長石や角閃石といった鉱物を多くふくむ。

所蔵:国立科学博物館

◉ 玄武岩

黒っぽい色をしているのが特徴。輝石やかんらん石といった鉱物を多くふくむ。

深成岩

地下深くにあるマグマだまりなどで、時間をかけて冷えて固まってできた岩石。ほぼ同じ大きさの鉱物の結晶が組みあわさってできている。

所蔵:国立科学博物館

◉ 花崗岩

化学組成は流紋岩と似ている。ねばりけの強いマグマが冷えて固まってできた。

所蔵:国立科学博物館

◉ 閃緑岩

化学組成は安山岩と似ている。花崗岩と斑れい岩の中間の性質をもつ。

所蔵:国立科学博物館

◉ 斑れい岩

化学組成は玄武岩と似ている。ねばりけの弱いマグマが冷えて固まってできた。

日本の活火山

日本は世界有数の火山国だ。なんと、世界の活火山の7%にあたる111もの活火山が日本にある。世界の陸地の0.3%にも満たない日本に、なぜこれほど多くの火山があるのだろう?

日本に火山が多い理由

地球の表面は、十数枚のプレートでパズルのピースのようにおおわれています。日本列島は、そのうち4枚ものプレートが集まり複雑に沈みこんでいるその真上という、世界でもめずらしい場所に位置しています。マグマはプレートが沈みこんだ先でつくられるため、沈みこんだ場所から少しはなれた陸側に、海溝とならぶようにたくさんの火山が生まれて列をなします。そのため、日本には火山が多いのです。火山の分布のうち、海溝にもっとも近い火山を結んだ線を「火山フロント」といいます。

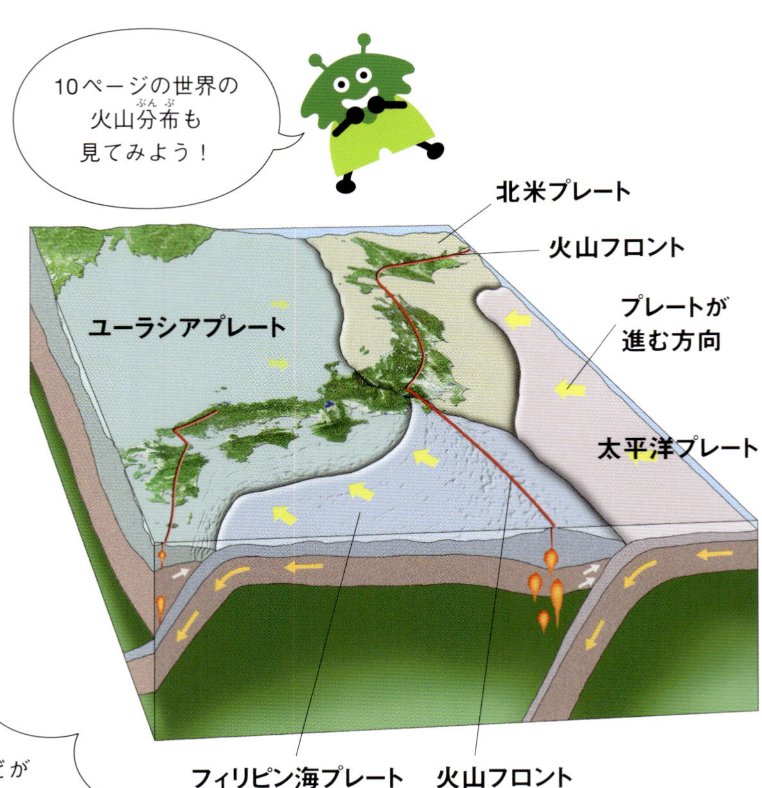
10ページの世界の
火山分布も
見てみよう！
北米プレート
火山フロント
ユーラシアプレート
プレートが
進む方向
太平洋プレート
フィリピン海プレート
火山フロント

地下水は地表に降った雨などが
地下にしみこんだものだ。
水は地下でも循環しているんだよ。

写真:竹下光士

阿蘇山（熊本県）の世界最大級のカルデラの中に、中岳などの山やまがならび、現在も噴気を上げる。

噴気ってなに ?

過去1万年以内に噴火したことのある火山と、現在活発に噴気活動をしている火山のことを活火山といいます。噴気とは、地下水などがマグマの熱であたためられて、火口や温泉から湯気となって上空に立ちのぼったものです。通常の噴気活動ではマグマや火山砕屑物がふきだすことはなく、水蒸気噴火のようにはげしく爆発することもありません。噴火して時間がたっているのに噴気が続いているのは、地下のマグマの熱が熱水（p.20）によって地表まで運ばれているからです。

日本列島の活火山の分布

日本列島の活火山分布と、左ページのプレートの場所や火山フロントの位置とをくらべてみよう。どんなことがわかるかな?

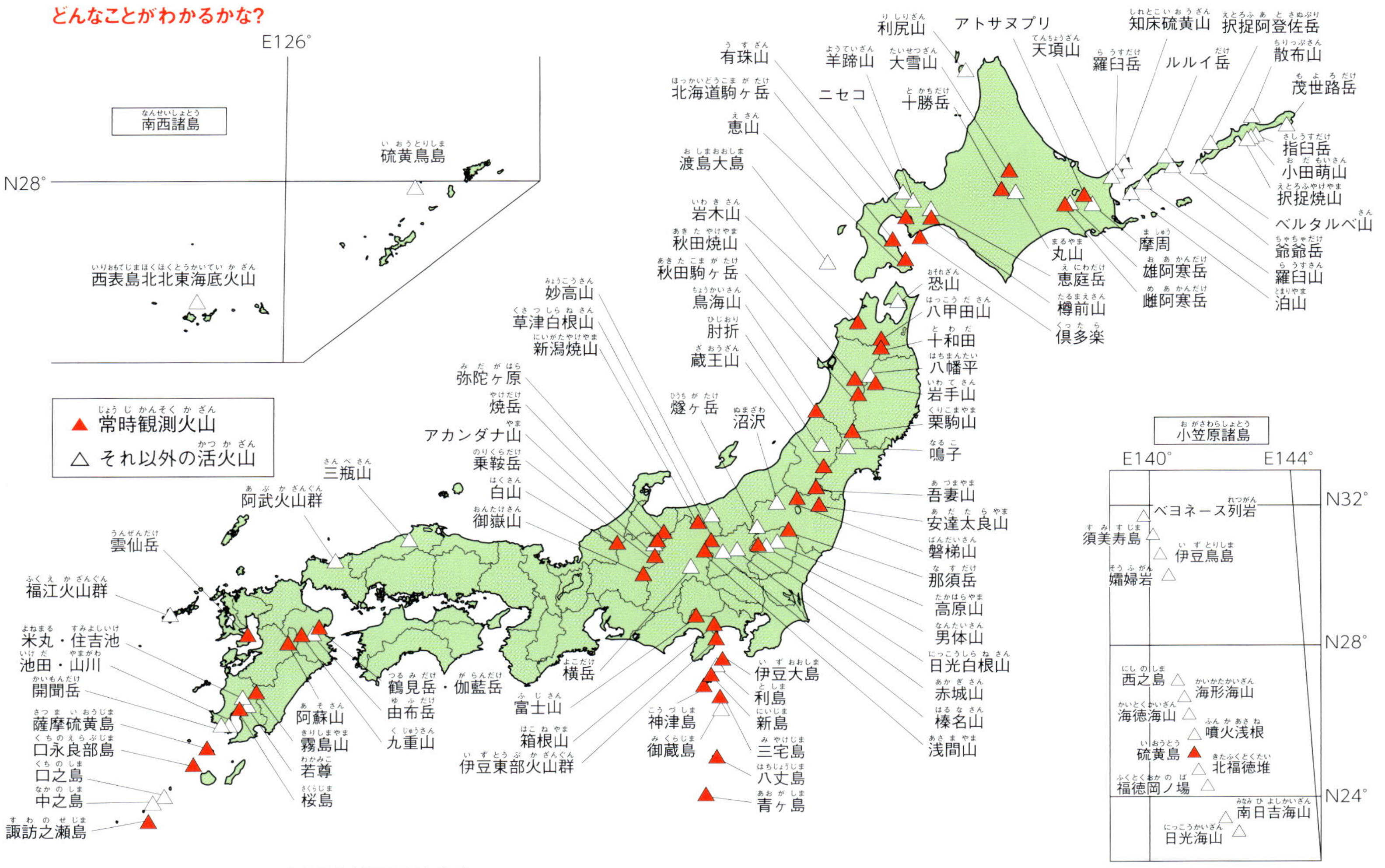
E126°
N28°
南西諸島
硫黄鳥島
西表島北北東海底火山
常時観測火山
それ以外の活火山
利尻山
アトサヌプリ
知床硫黄山
択捉阿登佐岳
有珠山
羊蹄山
大雪山
天頂山
羅臼岳
ルルイ岳
散布山
北海道駒ヶ岳
ニセコ
十勝岳
茂世路岳
恵山
指臼岳
小田萌山
択捉焼山
渡島大島
ベルタルベ山
岩木山
爺爺岳
秋田焼山
摩周
丸山
秋田駒ヶ岳
雄阿寒岳
羅臼山
恵庭岳
雌阿寒岳
泊山
恐山
鳥海山
八甲田山
樽前山
妙高山
草津白根山
新潟焼山
肘折
倶多楽
十和田
蔵王山
八幡平
弥陀ヶ原
岩手山
焼岳
燧ヶ岳
沼沢
栗駒山
アカンダナ山
鳴子
乗鞍岳
三瓶山
白山
吾妻山
阿武火山群
御嶽山
安達太良山
雲仙岳
磐梯山
那須岳
福江火山群
高原山
男体山
米丸・住吉池
日光白根山
池田・山川
横岳
伊豆大島
開聞岳
鶴見岳・伽藍岳
赤城山
由布岳
富士山
利島
薩摩硫黄島
阿蘇山
神津島
新島
榛名山
口永良部島
霧島山
九重山
箱根山
御蔵島
三宅島
浅間山
口之島
若尊
伊豆東部火山群
八丈島
中之島
桜島
青ヶ島
諏訪之瀬島
小笠原諸島
E140°
E144°
N32°
ベヨネース列岩
須美寿島
伊豆鳥島
孀婦岩
N28°
西之島
海形海山
海徳海山
噴火浅根
硫黄島
北福徳堆
福徳岡ノ場
N24°
南日吉海山
日光海山

出典:気象庁資料をもとに作成

コラム

火山はみんな生きている

歴史

かつては、現在噴火していない火山は、休火山や死火山とよばれていた。たとえば、富士山は1707年の宝永噴火以来300年ほど噴火していないため、休火山とされてきた。しかし数十万年もの長い寿命をもつ火山にとって、数百年程度の休止期間は夏休みのようなもの。数千年ぶりに噴火する火山もあり、現在では休火山・死火山という用語は使われていない。

御嶽山（長野県）は、長く死火山と思われていたが1979年に噴火し、当時の人をおどろかせた。写真は2014年の噴火で、63名の犠牲者が出た。

火山の観測・監視

くらし

111の活火山のうちとくに監視をする必要がある50の火山（常時観測火山）について、気象庁は24時間態勢で観測・監視をおこなっています。活動の高まりをとらえて正確な情報を出すために、大学や国、地方自治体の研究者も気象庁に協力しています。

気象庁が御嶽山に設置した火山観測施設（飯森高原火山観測局）。

火山のめぐみ

火山活動は災害を引きおこすこともあるが、さまざまなめぐみももたらしてくれる。
雄大な自然を楽しみ、火山のエネルギーを利用して、私たちは火山とともにくらしている。

レジャースポット くらし

火山活動による景観は、自然がつくりだしたレジャースポットとして人気があります。国立公園などに指定されている場所もあり、たくさんの観光客が訪れます。また、火山国の日本は各地に温泉がわき、国外でも広く知られる貴重な観光資源です。マグマの熱であたためられたり、マグマから出る水やガスがまざったりしてできた温泉を「火山性温泉」といいます。

AREA
草津温泉
（群馬県）

温泉水の温度調整などをおこなう「湯畑」は、毎分4000Lもの温泉水が流れる温泉街のシンボルだ。

日本には、たくさんの温泉があるよね。

地獄谷（長野県）で温泉に入るニホンザル。この光景が見られるのは日本だけだ。

鉱物資源 5巻 くらし

マグマの熱により地下深くで高温となった水を「熱水」といいます。圧力の高い地下では水は100℃をこえても液体のままで、まわりの岩石中のさまざまな成分をとかしだします。金や銀などの金属が集まった場所を「鉱床」とよび、熱水のはたらきでできた鉱床が「熱水鉱床」です。火山は、私たちに必要な金属を集めてくれているのです。

● 熱水鉱床のでき方

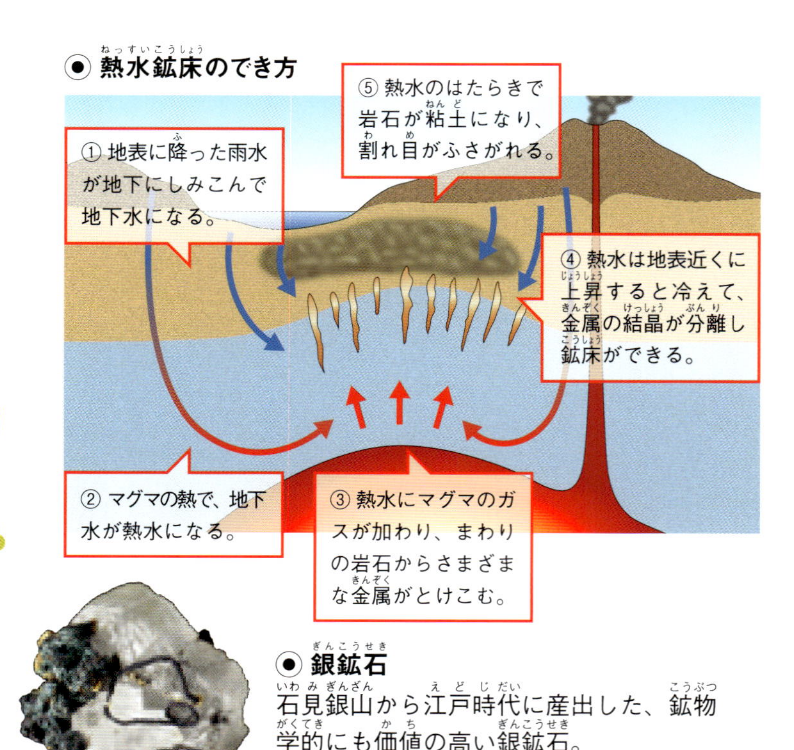

① 地表に降った雨水が地下にしみこんで地下水になる。
② マグマの熱で、地下水が熱水になる。
③ 熱水にマグマのガスが加わり、まわりの岩石からさまざまな金属がとけこむ。
④ 熱水は地表近くに上昇すると冷えて、金属の結晶が分離し鉱床ができる。
⑤ 熱水のはたらきで岩石が粘土になり、割れ目がふさがれる。

● 銀鉱石

石見銀山から江戸時代に産出した、鉱物学的にも価値の高い銀鉱石。

写真:石見銀山資料館

AREA
石見銀山
（島根県）

現在は閉山しているが、16世紀には世界有数の銀を産出していた鉱山。

エネルギー資源 くらし

井戸を掘って熱水を地上に持ってくると、ふっとうして水蒸気が勢いよくふきだします。この勢いを使って電気をつくるのが「地熱発電」です。熱水をさがしあてるのに時間がかかったり、周辺の温泉への影響を確かめる必要があったりしますが、一度発電所ができると安定して電気をつくりつづけることができます。

地熱発電は、ほかの発電方法とくらべて二酸化炭素を出す量が少ないこともすぐれた点のひとつ。写真は国内最大の八丁原地熱発電所（大分県）。

農業に利用 くらし

降りつもった火山灰の一部は、長い年月をかけて農業に適した水はけのよい土へとかわっていきます。また、火山のふもとでは豊富なわき水にめぐまれることが多く、古くから農業用水などに利用されてきました。

AREA
陣馬の滝
（静岡県）

上流から流れてきた水と、溶岩のすき間からわきだす地下水が滝となり、おいしい水がくめる。

コラム

熱水噴出孔でくらす生き物たち

海底下でマグマにあたためられた熱水が深海底の割れ目からふきだす「熱水噴出孔」のまわりには、ふしぎなすがたや生き方をしている生き物たちがいる。これらの生き物は、熱水にふくまれている成分をエネルギー源にして生きている。地球ではじめての生き物は、熱水噴出孔で生まれたと考える研究者もいる。

カニのなかま

熱水噴出孔のまわりで群れでくらすカニのなかま。

火山のめぐみを
利用する生き物は、
人間だけじゃないんだよ。

嬬恋村（群馬県）に広がるキャベツ畑。火山から噴出した火山灰をふくむ土は、適度に水を保持できるため、野菜を育てるのに理想的だ。

火山がつくった日本の絶景

火山活動が長い年月をかけてつくりだす景観は、ダイナミックで美しい。
地球が生きていることを実感できるその雄大さは、人びとの心をとらえる。

AREA
富士山
(静岡県・山梨県)

火山活動は、
美しい風景やふしぎな地形を
つくりだすことがあるんだ。

ねばりけの強くない玄武岩質のマグマでできた成層火山。10万年以上前から爆発的な噴火と溶岩流の噴火を何度もくりかえして、日本一高く美しい今のすがたをつくりあげてきた。

写真:竹下光士

コラム

信仰の山、富士山

古来から人びとは、大きな噴火をくりかえした富士山を神のすむ山としておそれ、また、その美しいすがたをうやまい、信仰の対象としてきた。

富士山の山頂に建つ富士山頂上浅間大社奥宮。多くの参拝者、登山者が訪れる。

AREA
大涌谷
(神奈川県)

水蒸気やガスなどをふきだす噴気帯。約3000年前に起きた水蒸気爆発により、山の一部がくずれて大きくえぐれた地形の中にできた。

AREA
五色ヶ原
（岐阜県）

流れでた大量の溶岩がつくりだした溶岩台地で、できたのはおよそ10万年前。今では力強く雄大な景色の中で色とりどりの高山植物を楽しめる。

AREA
富岳風穴
（山梨県）

富岳風穴は、富士山の溶岩流によってできた大きな洞穴（風穴）。溶岩流は、空気や地面にふれる外側はすぐに冷えかたまるが、中はしばらくドロドロのままだ。このドロドロの溶岩が出ていってしまうと、富岳風穴のような溶岩トンネルができる。

AREA
昭和新山
（北海道）

1943年の地震のあと麦畑が盛りあがりはじめ、その後噴火をくりかえしながら約2年かけて今の大きさにまで成長した。まだ若い溶岩ドームで、現在も山腹から噴気がたちのぼる。

日本列島に残る噴火の痕跡

日本列島では、長い歴史のなかで何度となく噴火が起こりました。このため、日本のいたるところに噴火の痕跡が残り、噴火したときのすがたを想像することができます。自分の住む地域にそんな場所があれば訪れて、その痕跡をさぐってみましょう。

火山がつくった湖もあるんだね！

AREA
洞爺湖
（北海道）

ドーナツのような形の洞爺湖は、約11万年前の大噴火で形成されたカルデラに水がたまってできたカルデラ湖。中央にうかぶ中島は、約5万年前の火山活動で生まれた溶岩ドーム。

AREA
鬼押出し
（群馬県）

浅間山の噴火で流れでた溶岩流がつくった地形。ここの溶岩流はゴツゴツした大小の溶岩のかたまりでおおわれている。昔の人は火口で鬼があばれて岩をおしだしたと考えたため、この名がついた。

火山について学ぼう

日本は火山国だが、火山についてどんな研究方法があり、どこまで進んでいるのだろう。
長年、火山の研究を続けてきた萬年一剛さん（この本の監修者）にお話をうかがった。

インタビュー

火山学の入り口は たくさんある！

◉ 萬年一剛さん
（神奈川県温泉地学研究所主任研究員）

最近では研究室でデータの解析などをおこなうことが多いと語る萬年さん。

ニュージーランドで火山灰の調査中、論文で読んだ火山灰を実際にさわれてごきげんのようす。

箱根火山の高さを測定しているところ。2015年の噴火で地下のガスがぬけたため、箱根火山はほんの少しずつだが毎年低くなっている。しかし、近い将来にガスをためはじめ、高くなっていくかもしれない。

Q：先生が火山に興味をもったきっかけは？

A：大学の野外実習でした。先生によって説明がちがうのがおもしろくて、自分でもやってみたくなったのです。

Q:火山学者って、あぶない仕事ではないのですか？

A：噴火が起きている場所に行って調査するイメージがあると思いますが、そんな人はほとんどいません。火山は噴火をしている時間より、お休みをしている時間のほうがはるかに長いですからね。研究も火山が静かなときにやることが多いです。

Q：どんなことを研究しているのですか？

A：噴出物、火山ガス、地震や地殻変動の研究は火山の中で何が起きているのかを知るために必要な歴史のある分野です。最近はコンピューターによるシミュレーションや、ドローンを使ったデータ集め、人工知能によるデータ分析など、新しい手法が次つぎに生まれ、さまざまな知識や技術を使って、火山の謎に取りくんでいます。

Q：理数系の得意な人が火山の研究者になるのですか？

A：理数系とはかぎりません。たとえば、火山のまわりに住んでいる人びとに噴火はどういうものでどんな被害を受ける可能性があるかを理解してもらうことは、命を守るうえで重要です。しかし、どうすれば理解してもらえるのかよくわかっていません。これには心理学や社会学など、人文系の研究が必要です。火山に少しでも興味があれば、どんな分野の人でも研究のネタはあると思います。

何度も噴火をくりかえしてきた富士山。右側の山腹にあるくぼみは1707年の宝永噴火の火口。現在の富士山は、古い時代の火山が重なる構造だ。

予測できないからこそ、予防が大切なんだね。

富士山に設置された火山の観測装置。最近はこのように立派な観測装置がふえてきた。

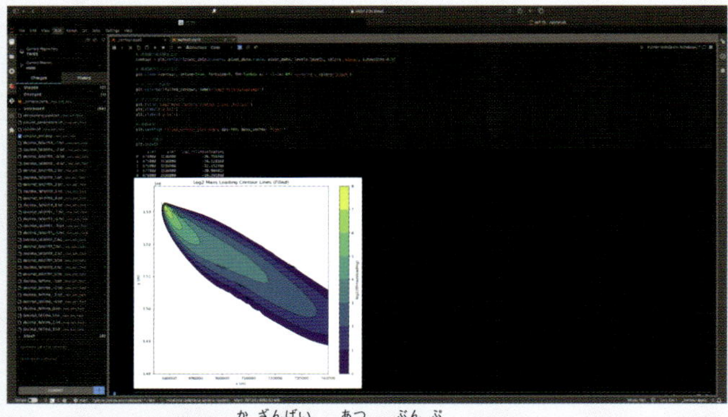

コンピューターで火山灰の厚さ分布を計算する。計算結果は防災対策などにも役立てられる。

Q：噴火予知に関する研究は、どこまで進んでいるのですか？

A：火山学者は過去に起こった噴火の痕跡をくわしく調査して、将来どんな噴火が起きそうか、予想をしています。また、火山ガスや地震、地殻変動など、今、火山が発しているシグナル（信号）を分析して、火山の中で何が起きているのかを推定しています。しかし、火山の噴火がなぜ起きるのか、完全にわかっているわけではありません。このため、現在のところ噴火予知はできないのです。

Q：富士山が、とつぜん噴火する可能性はあるのでしょうか？

A：富士山は2000年ごろから日本有数の監視態勢が敷かれるようになり、さまざまな研究が始まっています。ですので、富士山のふだんとちがう異常な動きを見のがして、ある日とつぜん噴火してしまうということはないと思います。しかし、異常な動きがわかっても、どういう噴火になるかということは予測できませんし、そもそも本当に噴火するかどうかもよくわかりません。富士山で何かが起きているが、噴火になるかはわからない、という状況が必ず起こると思います。

Q:予測ができないなら、防災もむずかしいですか？

A：むずかしいと思います。でも、火口のすぐ近くにいないかぎり噴火で死ぬことはほぼないと思います。問題は、噴火が起きたり起きることが予想されたりしたときに、電車やトラックなど輸送が止まって便利な生活ができなくなることです。食料が手に入らなかったり、電気や水道が止まったりしても何日間かは生活ができるのであれば、たえることができます。キャンプや登山は、楽しみながらできる防災訓練といえますね。

写真：萬年一剛（富士山をのぞく）

地震ってどんな現象なの?

地震は、私たちが直接見ることはできない地下深くで、岩盤がずれて動くことで起こる。体に感じない小さな地震をふくめると、日本ではいつもどこかで地震が起こっている。

地表をゆさぶる地球内部の動き

地震は、地下深くでの大地の急な動きが地表を大きくゆさぶる現象です。前ぶれもなく発生しては、私たちのくらしをおびやかしてきました。

地震はなぜ起こり、地震によってどんな現象が発生するのでしょうか?　日本は世界でも有数の地震国です。日本でくらす私たちに、できることはあるのでしょうか?

人びとのくらしに被害をおよぼす

地震はゆれだけでなく、津波や土砂くずれなどさまざまな現象を引きおこすことがある。ときには命がうばわれ、まちなみが破壊され、人びとのくらしへの影響は広く長い期間におよぶ。

2024年に石川県能登半島で起こった地震では、強いゆれで多くの建物がたおれて大火災になった。また、津波も発生して地域全体が深刻な被害を受けた。写真は輪島市の火災被害跡。

2011年に起こった東日本大震災では大津波で多くの人びとが犠牲になり、くらしにも深刻な被害をもたらした。写真は津波でおしながされた電車（宮城県女川町）。

山がまだらもように見えるのは、
山の斜面がくずれおちて
地面があらわれたんだ。
こんなに広い場所に
すごい力がはたらいて、
強くゆれたって
ことだよね。
でも、どうして
地震が起こるのかな。
地面の下で何が起こって
いるんだろう？

2018年、北海道での観測史上はじめて震度7を記録する巨大地震が、北海道胆振地方で起こった。北海道全体が停電し、住宅や交通機関などにも大きな被害が出た。写真は、地震により、大規模な山腹の斜面崩壊が発生したようす。

地震が起こるしくみ

地震はときに地形すらかえてしまうほどに大地を大きくゆるがすエネルギーをもつ。
地下ではいったい何が起きているのだろうか。

岩盤のひずみが限界突破！

地球の表面は、ジグソーパズルのピースのように十数枚のプレートにおおわれています。プレートは、新しくつくられたり沈みこんだりしながら、それぞれちがう方向へ少しずつ動いています。このためプレートには無理な力がかかってひずみが生じることがあり、ひずみがたまると、やがてプレート内のかたい岩石の層（岩盤）は限界をこえて、たえられなくなってこわれます。このとき起こるゆれが、地震です。

船のある場所は、地震の前は海の底だったのか！

写真:竹下光士

2024年の能登半島地震で、上下にずれた地盤が約4mも盛りあがり、漁港が干あがってしまった。

地震はどこで起こるのか？

地震は、世界じゅうのあらゆる場所で発生するわけではありません。プレートとプレートがかかわりあう場所は、ひずみがたまりやすい場所の代表格です。多くの地震がプレートどうしの境目で起きています。

このほか、火山活動が活発な場所などでも地震は起こることがあります。

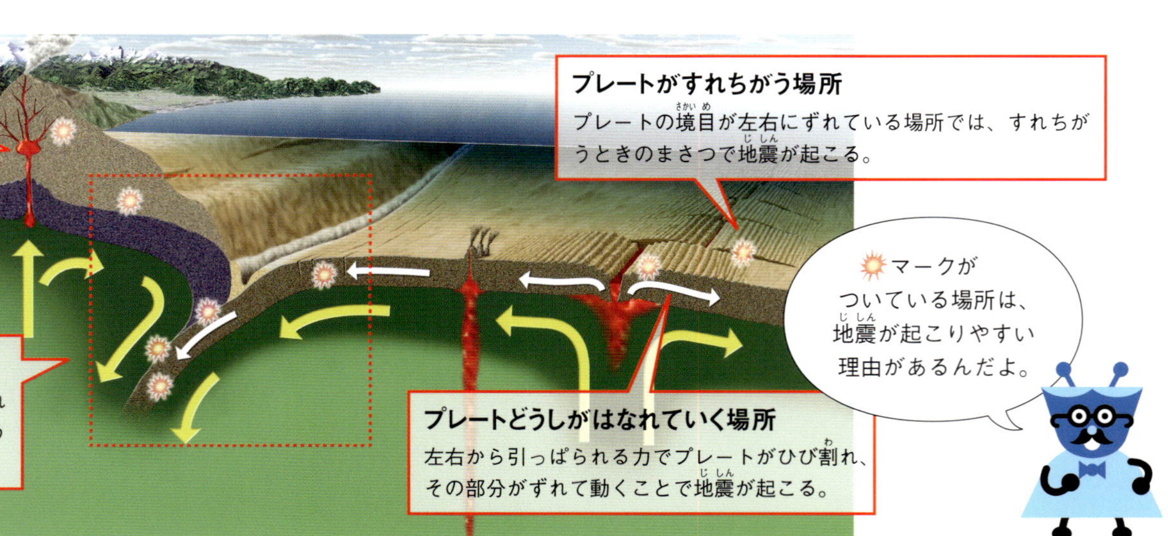

火山活動が起こっている場所
プレートの活動以外に、噴火や地下のマグマなどの動きが原因で火山やそのまわりで地震が起こる。

プレートどうしがぶつかる場所
沈みこむ海洋プレートに引きずりこまれた大陸プレートが、もとの形にもどろうとしてはねあがることで地震が起こる。

プレートがすれちがう場所
プレートの境目が左右にずれている場所では、すれちがうときのまさつで地震が起こる。

プレートどうしがはなれていく場所
左右から引っぱられる力でプレートがひび割れ、その部分がずれて動くことで地震が起こる。

マークがついている場所は、地震が起こりやすい理由があるんだよ。

地震のタイプ

地震は、起こる原因によっていくつかのタイプに分けられます。なかでも、「海溝型地震」と「内陸型地震」は、たびたび巨大地震を引きおこしています。

海溝型地震は、海と陸のプレートがぶつかる場所で起こります。海溝で海洋プレートが沈みこむと大陸プレートも引きずりこまれてひずみ、ひずみが限界に達すると大陸プレートはもとにもどろうとしてはねあがり、岩盤がこわれます。このときにゆれが起こります。

内陸型地震は、陸のプレートが一部ずれることで起こります。プレートは、いつもまわりからおされたり引っぱられたりしているため、その力で、あるとき急に地下の岩石や岩盤が割れてずれることがあります。ずれた部分を「断層」といい、断層がずれたときにゆれが起こります。

◉ 海溝型地震の起こり方

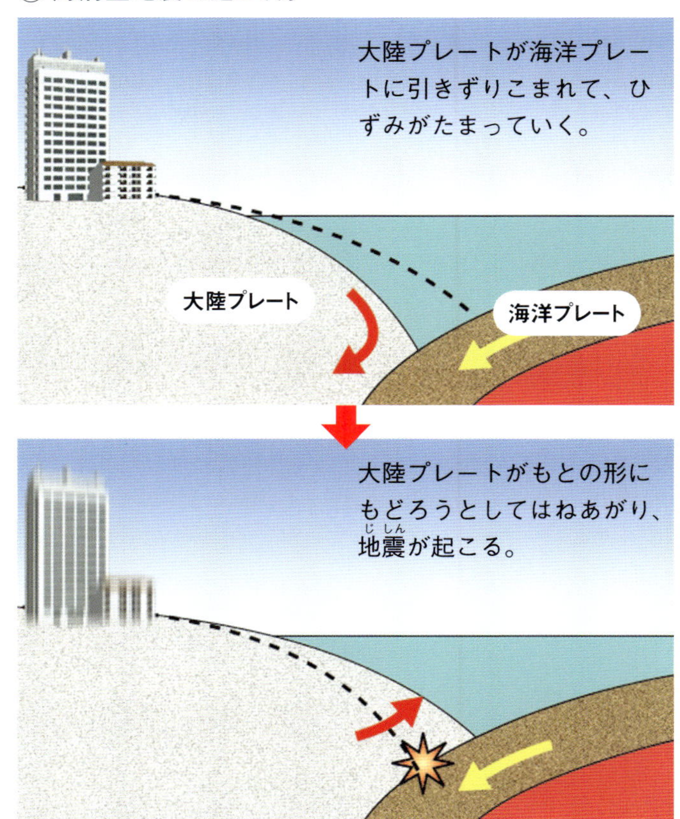
大陸プレートが海洋プレートに引きずりこまれて、ひずみがたまっていく。
大陸プレート
海洋プレート
大陸プレートがもとの形にもどろうとしてはねあがり、地震が起こる。

◉ 断層のずれ方 3巻

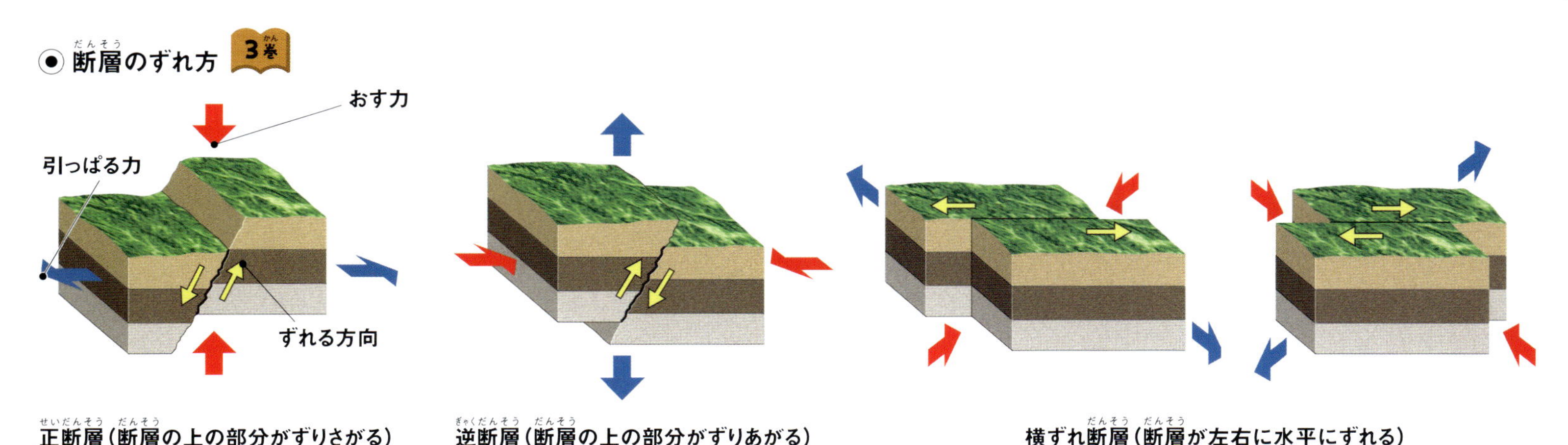
おす力
引っぱる力
ずれる方向

正断層（断層の上の部分がずりさがる）　逆断層（断層の上の部分がずりあがる）　横ずれ断層（断層が左右に水平にずれる）

出典：地震調査研究推進本部HPをもとに作成

コラム

岩盤は傷だらけ！　～断層と活断層～

今から数十万年前までくりかえし動き、今後も動くと考えられる断層が活断層だ。人間の体にたとえると、活断層はまだ治りきっていない傷。岩盤には地震があったことを示す傷がたくさん残っており、大地震は活断層で起こる。日本では2000以上もの活断層が見つかっているが、まだ知られていない活断層もたくさんある。

AREA
根尾谷断層
（岐阜県）

1891年の地震で上下に約6m、左右にも約3mずれた。

地震の大きさとゆれ

地震が起こると、それまでたまっていたエネルギーが放たれて、波になって伝わっていく。
波の伝わり方や放たれたエネルギーの大きさによって、私たちが感じるゆれもかわる。

地震は波として広がる

地震のゆれは、波（地震波）となって地中や水中を伝わります。地震波にはＰ波・Ｓ波の２種類があり、それぞれ地震が起こった場所（震源）を中心に、まるで球がふくらむように広がっていくのです。地震波が地表に届くと地面がゆれ、今度はこのゆれが表面波という別の波になって、地表にそって広く遠くまで伝わります。

テレビなどで
地震のニュースが
流れたら、
よく聞いてみよう！

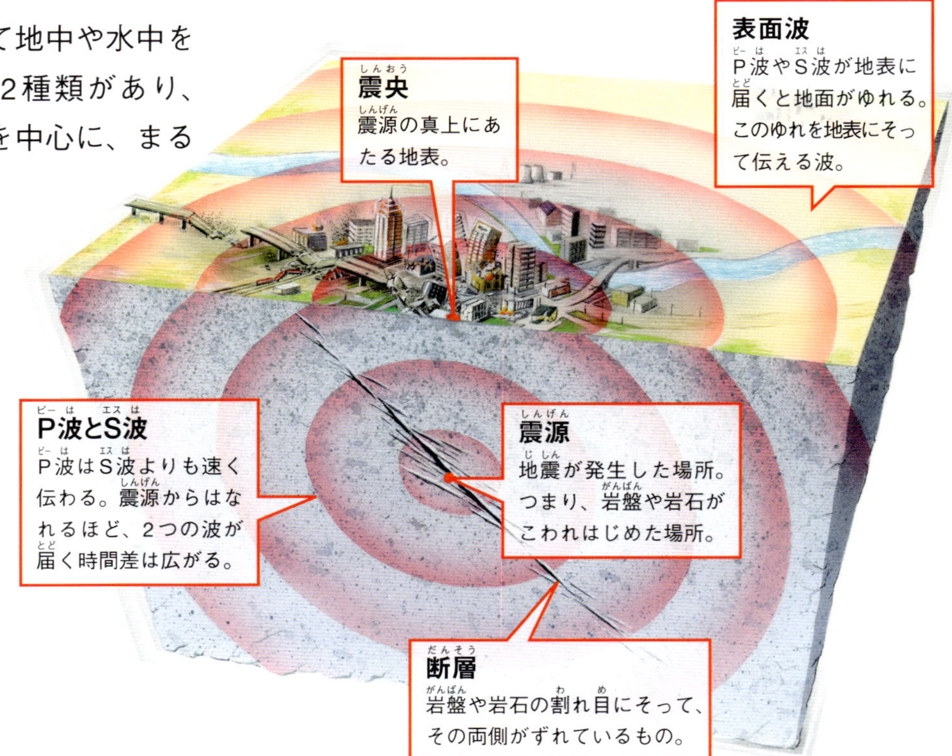

表面波
Ｐ波やＳ波が地表に届くと地面がゆれる。このゆれを地表にそって伝える波。
震央
震源の真上にあたる地表。
P波とS波
Ｐ波はＳ波よりも速く伝わる。震源からはなれるほど、２つの波が届く時間差は広がる。
震源
地震が発生した場所。つまり、岩盤や岩石がこわれはじめた場所。
断層
岩盤や岩石の割れ目にそって、その両側がずれているもの。

地震の波の伝わり方

地震が発生すると、最初に小さなゆれ（初期微動）が、そのあとで大きなゆれ（主要動）が起こります。初期微動を伝える波（Ｐ波）は波の進む方向にゆれていて伝わるスピードが速く、主要動を伝える波（Ｓ波）は伝わるスピードがおそいという特徴があります。

● 初期微動と主要動

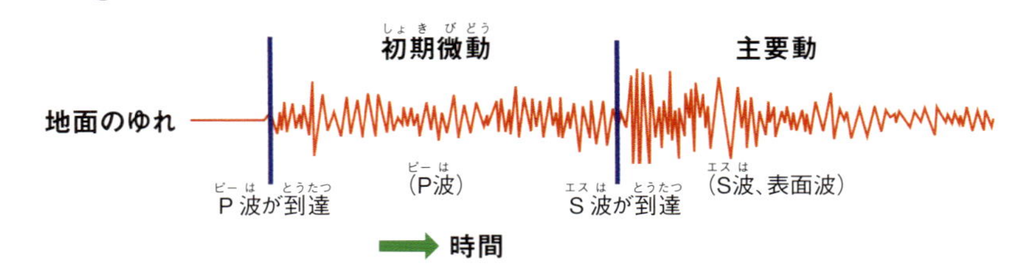

初期微動
主要動
地面のゆれ
(P波)
(S波、表面波)
P 波が到達
S 波が到達
時間

● 波の伝わり方とゆれ方の関係

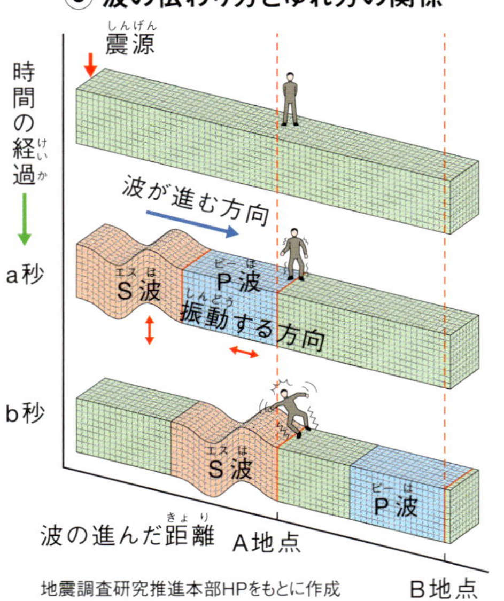

震源
時間の経過
a秒
b秒
波が進む方向
S 波
P 波
振動する方向
波の進んだ距離
A地点
B地点

地震調査研究推進本部HPをもとに作成

①地震が発生。
②まずＰ波が伝わり、カタカタと小刻みにゆれる。つきあげるようなゆれを感じることもある。
③しばらくするとＰ波を追いかけるようにＳ波が伝わり、ゆさゆさとややゆっくりゆれる。

マグニチュードと震度

地震が起こると、さまざまな報道で「マグニチュード」と「各地の震度」という言葉をよく耳にします。マグニチュード（M）は、地震がもつエネルギーの大きさ（地震の規模）をあらわします。1つの地震に対して1つしかありません。いっぽう、震度は観測した場所のゆれ方の度合いをあらわします。地盤のかたさや地形、震源からの距離などでかわるので、場所によって値がことなります。

●1つのマグニチュードと各地の震度

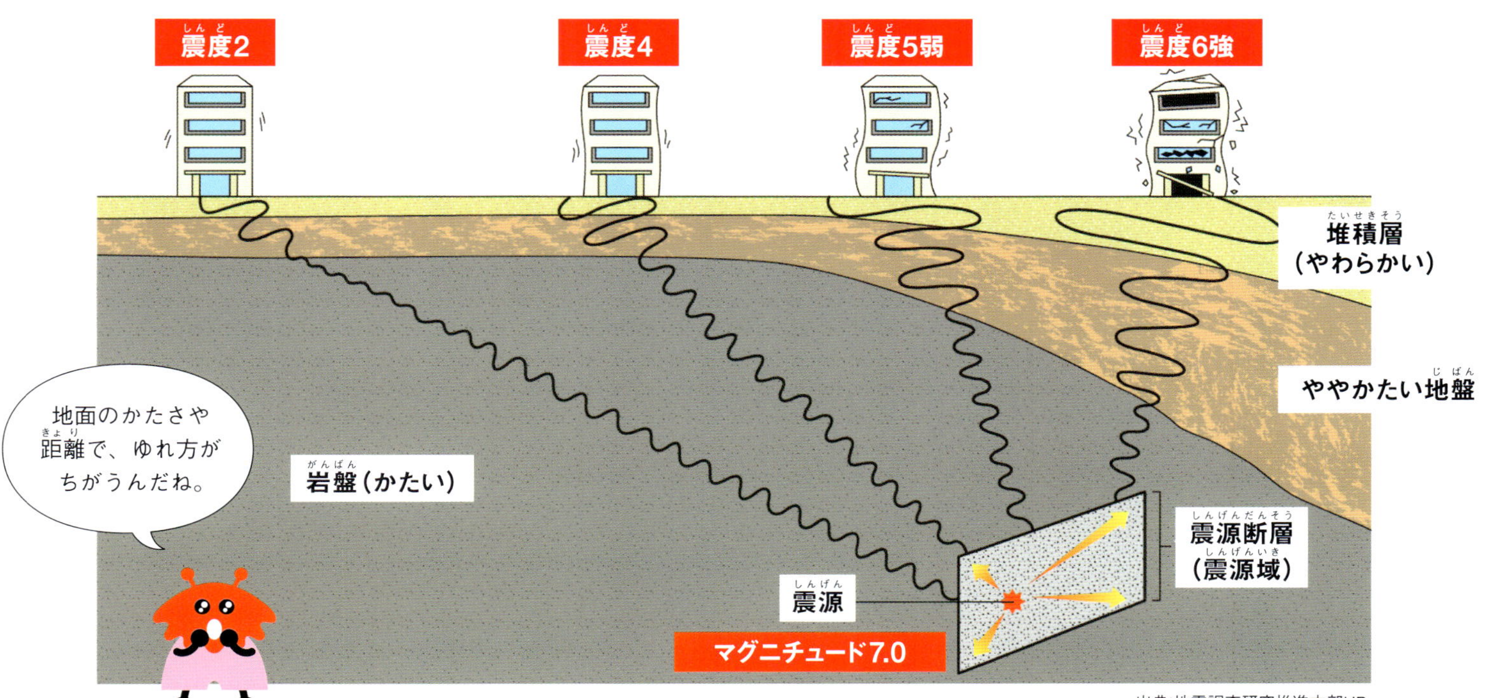
震度2
震度4
震度5弱
震度6強
堆積層（やわらかい）
ややかたい地盤
地面のかたさや距離で、ゆれ方がちがうんだね。
岩盤（かたい）
震源断層（震源域）
震源
マグニチュード7.0

出典:地震調査研究推進本部HP

前震・本震・余震

大きな地震では、震源のまわりで何度も地震が起こることがあり、もっとも大きな地震を「本震」、本震の前に起こる地震を「前震」、本震のあとに起こる地震を「余震」といいます。しかし判断がむずかしく、あとでふりかえったときにわかることが多いのです。

2016年の熊本地震では、はじめは4月14日の本震とされた地震が、のちに前震だったと判断された。

発生日・時刻	地震の規模	最大深度
4月14日21時26分	M6.5	震度7（前震）
22時07分	M5.8	震度6弱
⋮	⋮	⋮
4月16日1時25分	M7.3	震度7（本震）
1時44分	M5.4	震度5弱
1時45分	M5.9	震度6弱
⋮	⋮	⋮

コラム

モーメントマグニチュード

マグニチュードには、計算方法によっていくつも種類があり、「モーメントマグニチュード」はそのひとつだ。「ずれ動いた断層面の面積」と「断層がずれ動いた長さ」を利用して、地震のエネルギーの大きさを計算する方法で、複雑なため計算には時間がかかるが、大地震の規模を正確にあらわしやすく、世界的に使われている。

出典:後藤忠徳

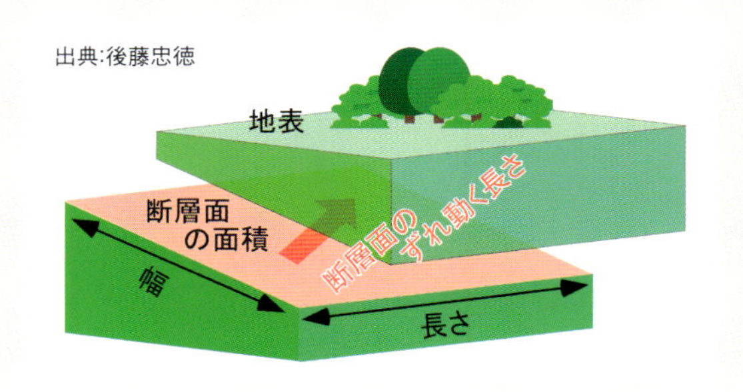
地表
断層面の面積
幅
断層面のずれ動く長さ
長さ

地震によって起こること

地震やそのゆれによって起こる現象や被害には、どのようなものがあるのだろう?
地震に備えて私たちに何ができるのかを考えるために、ひとつずつ確認していこう。

1995年の阪神・淡路大震災で、はげしいゆれのためくずれおちた建物（兵庫県）。

ゆれによる建物などの倒壊

強いゆれや何度もくりかえすゆれによって、壁や窓ガラスなどが割れて落下したり、建物自体がたおれたりすることがあります。道路や鉄道、橋などがこわれて、交通手段がなくなることもあります。これらの被害により救助がおくれるだけでなく、そこでくらす人びとに深刻な影響をおよぼします。

1往復する時間が長く、ゆっくりとした大きな地震のゆれを「長周期地震動」といい、震源から遠くはなれた場所でも、高層ビルを長時間ゆらします。

高層ビル
高い階ほどゆれやすい
低い建物
長周期地震動ではゆれにくい。

地面の隆起・沈降・褶曲 3巻

プレートどうしがぶつかったり断層がずれたりして、地面のようすがかわることがあります。地面が盛りあがることを「隆起」、沈むことを「沈降」、地層が波型に曲がることを「褶曲」といいます。

写真:竹下光士

名護市（沖縄県）の嘉陽層の褶曲。地層に大きな力がかかったことで、地層が曲がりくねるように変形した。

断層・岩盤のずれ

地震で放たれたエネルギーが地中を伝わって広がると、その力の受け方によっては、周囲の断層までずれ動いたり、岩盤が割れたりします。こうした現象は、最初の地震から時間をおいて急に起こることもあります。

2016年の熊本地震（熊本県）では、地震で橋の下にあった断層が動き、橋を支える地盤がずれたことが原因で、阿蘇大橋がくずれおちた。

地すべり・土砂くずれ

地震のゆれがきっかけとなって、斜面の広い範囲がゆっくりとすべりくだる地すべりという現象や、土砂くずれなどが起こることもあります。地すべりや土砂くずれは、いったん動きだすと完全に止めることはむずかしく、大きな被害をもたらします。

山がくずれるくらい、はげしくゆれるってことだよね。

2024年に起こった能登半島地震では、大規模な土砂くずれが起こり、完全に道路をふさいでしまった。

液状化現象

「液状化現象」とは、地震のゆれによって地中の土砂が液体のようになる現象です。うめたて地などの弱い地盤で起きやすく、液体状の土砂が地表へふきだしたり、その上に建つ建物がかたむいたり、たおれたりすることもあります。

2018年に起こった北海道胆振東部地震では、道路などが液状化してくずれ、家屋がたおれる被害が多く見られた。

コラム

液状化のしくみ

地盤の液状化は、昔、川や沼があった場所やうめたて地など砂を多くふくむ地盤で、地表から地下水までの距離が近いなど、条件がそろう場所で起こりやすい。

❶ 地震前

地盤は、砂粒どうしが支えあい、そのすき間を地下水などが満たすことで安定している。

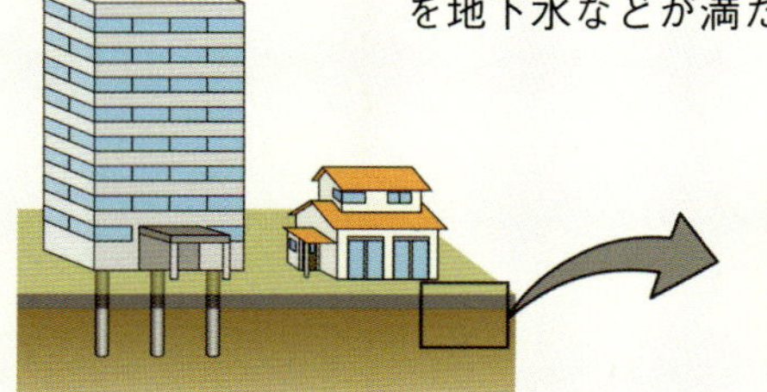

砂粒
間隙水

❷ 地震時

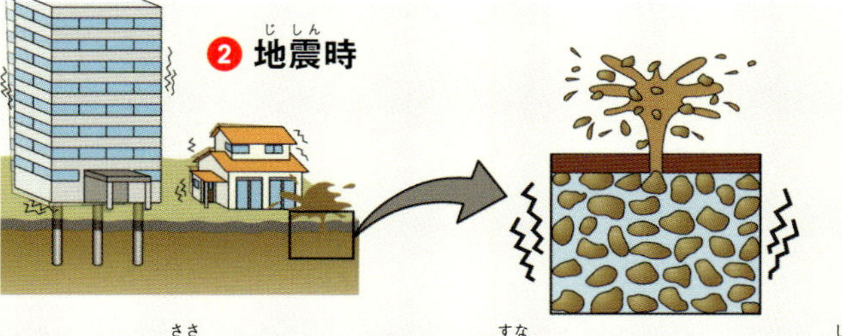

強いゆれで支えあいがくずれる。砂と水がまざりあって地盤が液体のようになり、地表にふきだすこともある。

❸ 地震後

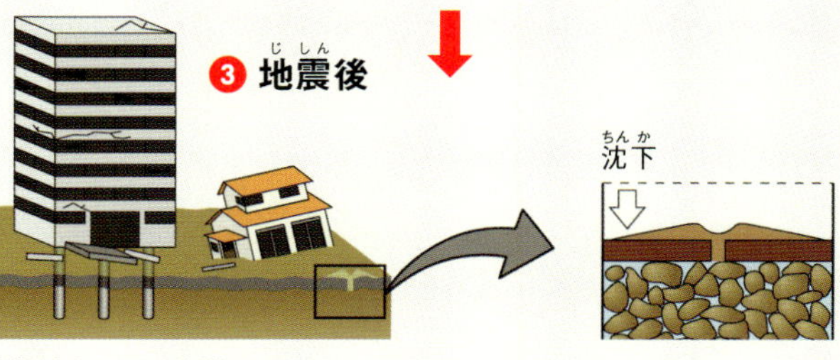
沈下

液状化した地盤の上にある建物や道路などの重さで、地盤が割れたり沈んだりする。

出典:地震調査研究推進本部HP

地上をおそう波の壁　～津波～

海底の下で発生する大地震が原因で引きおこされる大きな波を「津波」という。
海に囲まれた日本列島は、世界でも津波におそわれやすい地域のひとつだ。

海で起きていること

海底の下で大きな地震が起こると、海底が変形して盛りあがったり沈んだりする。
その真上にある海水全体が動き、大きな津波となって四方八方に伝わる。

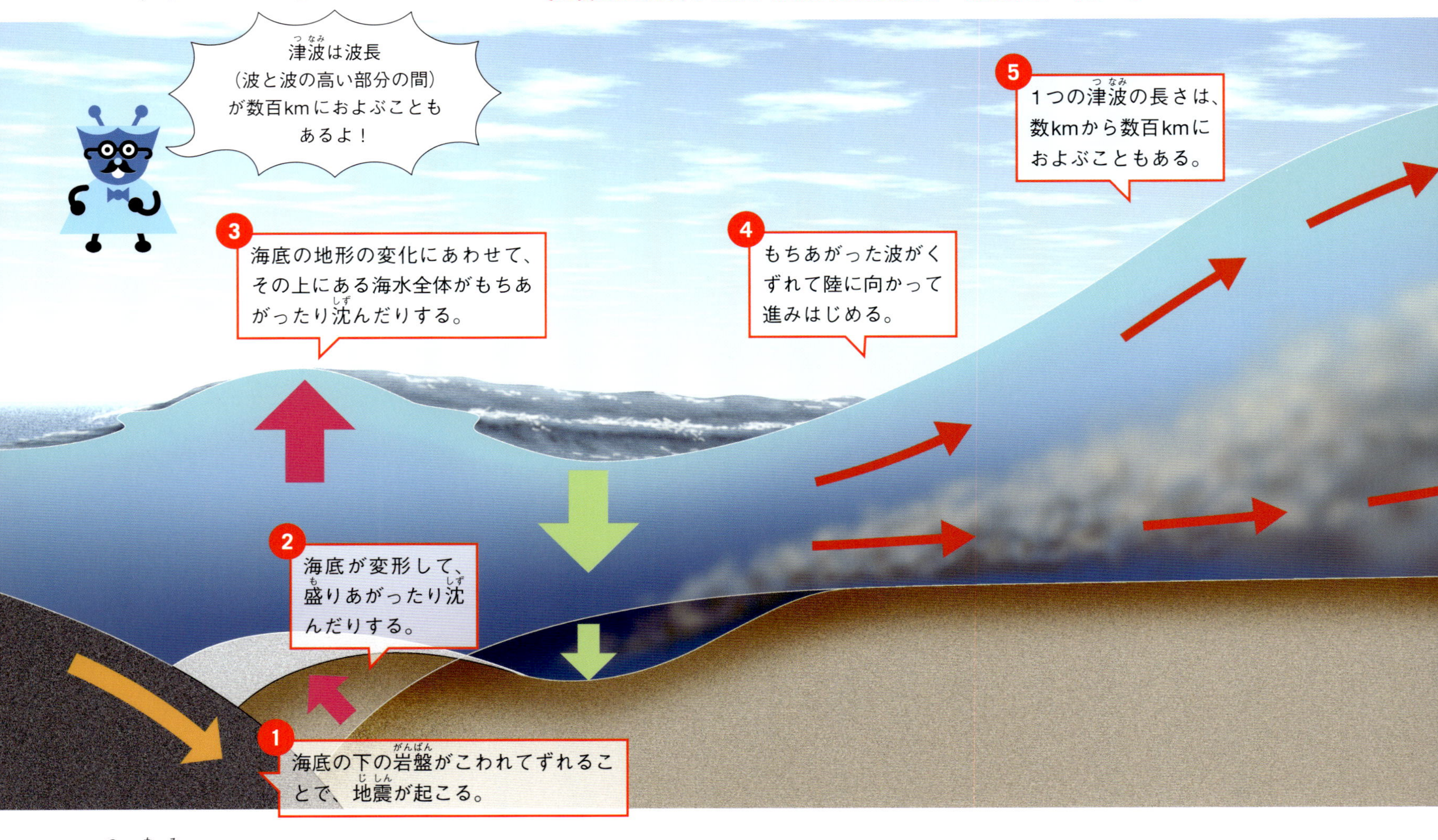

津波は波長（波と波の高い部分の間）が数百kmにおよぶこともあるよ！
5 1つの津波の長さは、数kmから数百kmにおよぶこともある。
3 海底の地形の変化にあわせて、その上にある海水全体がもちあがったり沈んだりする。
4 もちあがった波がくずれて陸に向かって進みはじめる。
2 海底が変形して、盛りあがったり沈んだりする。
1 海底の下の岩盤がこわれてずれることで、地震が起こる。

津波の発生

津波の発生から陸地に到達して引いていくまでを、順を追って見てみよう。
上の図と同じ状態のところがどこか、くらべてみよう。

出典:地震調査研究推進本部HPをもとに作成

1 ふつうの状態

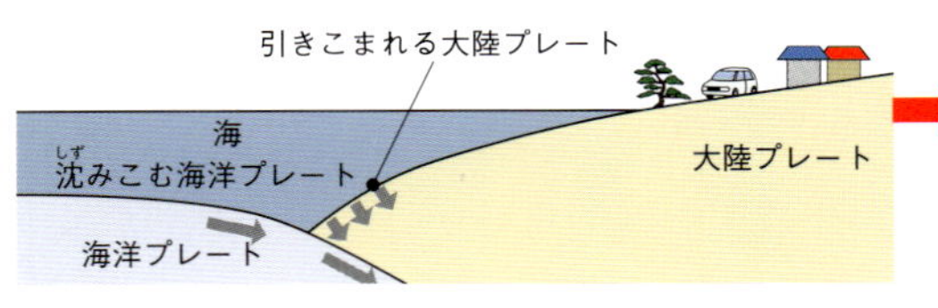

引きこまれる大陸プレート
海
沈みこむ海洋プレート
大陸プレート
海洋プレート

ふだんの波は海の上をふく風が海表面をゆらしてできる。海洋プレートが沈みこむにつれて大陸プレートにひずみがたまっていく。

2 津波の発生

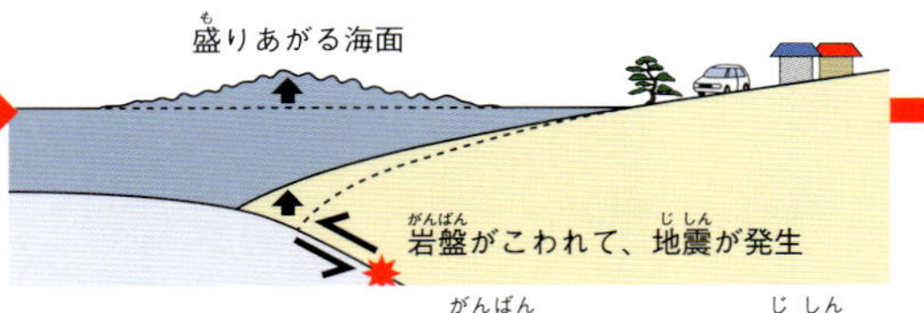

盛りあがる海面
岩盤がこわれて、地震が発生

ひずみにたえきれず、岩盤がこわれて地震が起こる。海底の変化がその真上の海水全体をもちあげて津波が発生する。

3 津波が伝わる

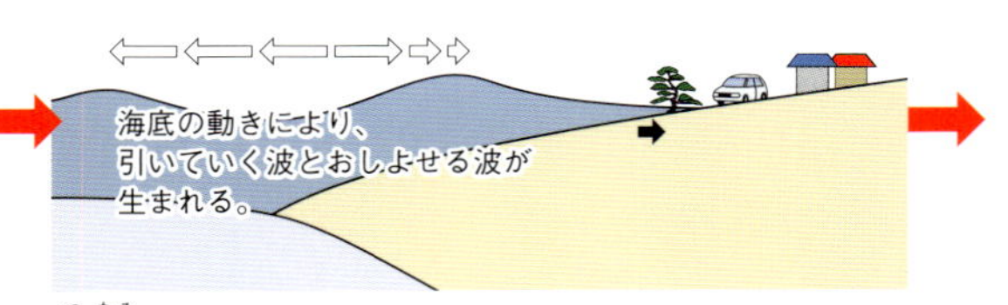

海底の動きにより、引いていく波とおしよせる波が生まれる。

津波は海が深いほど速く伝わる。そのため陸のそばではスピードは落ちるが、それでも自動車なみのスピードでおしよせる。

コラム

TSUNAMIは世界共通語

4つのプレートの境目に位置し、海に囲まれている日本列島は、古くから何度も津波の被害にあってきた。現在、津波は海外でも「TSUNAMI（ツナミ）」とよばれ、世界的に通じる言葉となっている。

TSUNAMI HAZARD ZONE
IN CASE OF EARTHQUAKE, GO TO HIGH GROUND OR INLAND

タイの海辺に立てられた津波の危険区域を示す看板にも「TSUNAMI」の文字がある。

7 あとから来る速い津波が前の津波に追いつき、波の高さをまして陸にせまる。
6 海底のどろなども巻きこみながら、海底から海面までの海水がいっせいにおしよせる。
津波は、ふつうの波とはでき方が全然ちがうんだね！

ふだんの波と津波はちがう

地震が起こって海底が変形すると、その真上の海水もあわせて動くことで津波が発生します。ふだん海で見るような、風で海の表面がゆれ動く波とはことなり、津波は海底から海面までの海水全体が動くので、壁のようにおしよせます。

津波は、海が深いほど速く伝わる性質があります。陸に近づくにつれておそくはなりますが、下の図のように、それでも人間が走って逃げきれるスピードではありません。また、あとから来る速い津波が前の津波に追いつくので、波の高さはどんどん高くなります。

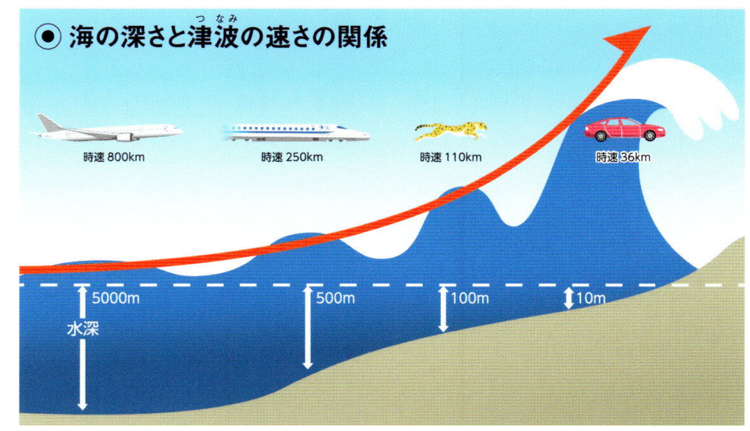
◉ 海の深さと津波の速さの関係
時速 800km
時速 250km
時速 110km
時速 36km
5000m
水深
500m
100m
10m

出典:気象庁HP

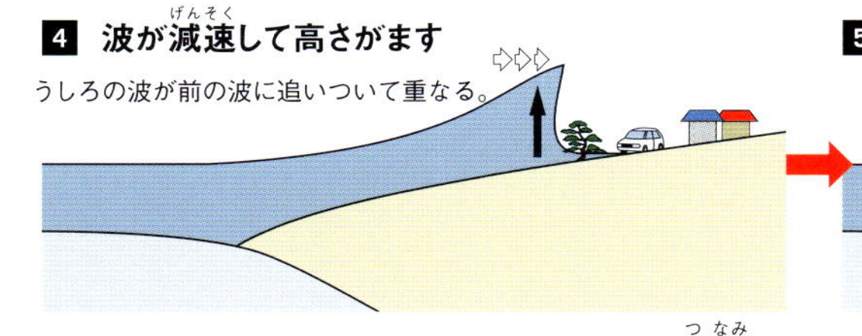
4 波が減速して高さがます
うしろの波が前の波に追いついて重なる。

陸に近づくにつれてスピードが落ちた津波に、うしろから追いついたスピードの速い津波が重なって、波の高さがます。

5 津波が陸上におしよせる
大量の海水が沿岸域の陸上をさかのぼっていく。

海底から海面までの海水全体が巨大な壁のようになって、もうれつな勢いでおしよせ、陸地をかけあがる。

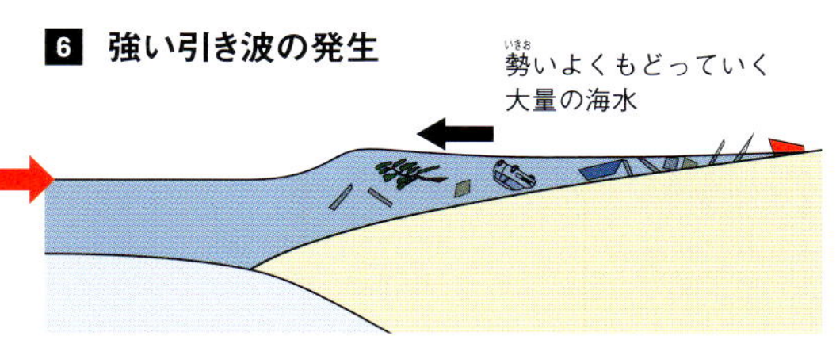
6 強い引き波の発生
勢いよくもどっていく大量の海水

強い力で引きもどされるように、海水が海へもどっていく。下り方向のため流れははげしく、建物を引きさらっていくこともある。

日本ではなぜ地震が多いの？

特徴的な場所に位置する日本は、火山国であると同時に世界有数の地震国でもある。
地球上で発生したマグニチュード6以上の地震の約20％は、日本で起こっている。

4枚のプレートの上にある日本列島

日本で地震が起きなくなることはなさそうだね。

日本列島は、4枚のプレートの上に位置している（p.18）。
日本に地震が多いのは、まさにこれが理由だ。

北米プレート
東日本などをふくむ大陸プレート。大陸プレートのなかではもっとも大きい。
ユーラシアプレート
西日本などをふくむ大陸プレート。日本を横断するように北米プレートと接する。
太平洋プレート
太平洋の底に広がる海洋プレート。日本付近で北米プレートとフィリピン海プレートの下に沈みこむ。
フィリピン海プレート
フィリピン諸島から日本列島にかけて広がる海洋プレート。西日本の太平洋側でユーラシアプレートの下に沈みこむ。

地震が起こる条件がそろう日本列島

プレートの境目は、地震が多く発生する場所です。日本列島はことなる大陸プレートにまたがっており、さらに太平洋側からは2つの海洋プレートの沈みこみによって強くおされています。日本に地震が多いのは、このように地球上でもめずらしい4つのプレートがひしめく場所に列島が位置し、つねにおしあう力がはたらいているためです。

日本列島周辺で起こっていること

常にプレートがひしめく日本列島とそのまわりは、内陸型地震と海溝型地震のどちらも起こりやすくなっている。

◉ 日本列島周辺で発生する地震のタイプ

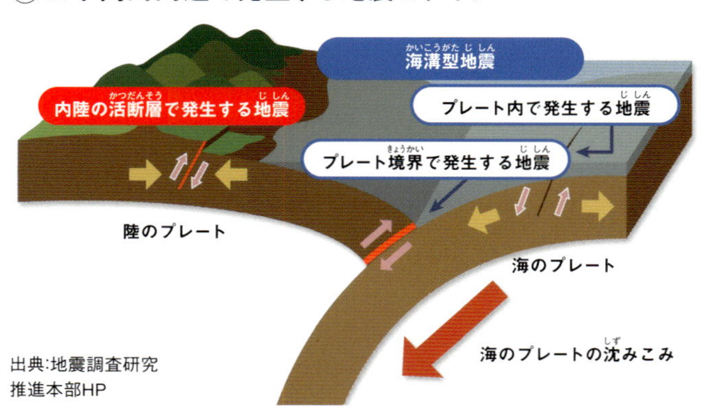
海溝型地震
内陸の活断層で発生する地震
プレート内で発生する地震
プレート境界で発生する地震
陸のプレート
海のプレート
海のプレートの沈みこみ

出典：地震調査研究推進本部HP

日本列島で起こったおもな地震の震央*と深さ

海洋プレートの沈みこみ境界から陸側へはなれるにしたがって、震源が深くなっている。
また、ななめ下へだんだん沈んでいくプレート（矢印の方向）にそって、地震が起きていることもわかる。

*震央は震源の真上にあたる地表（p.30）。

出典：地震調査研究推進本部HP

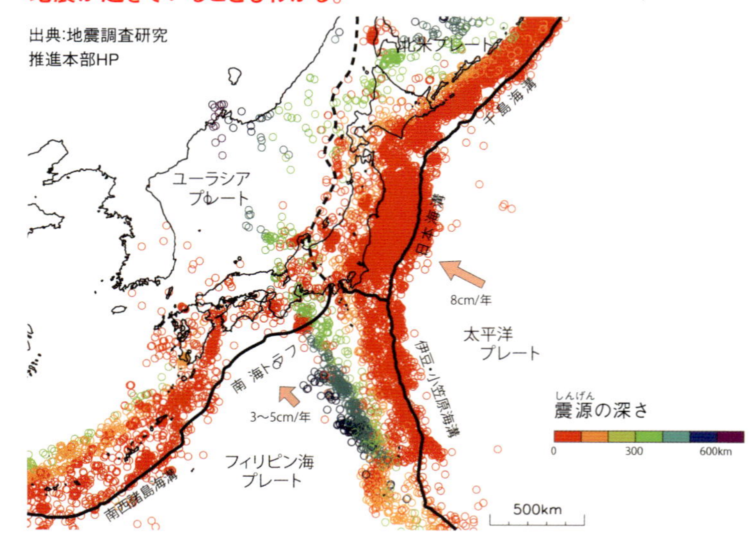
北米プレート
千島海溝
ユーラシアプレート
日本海溝
8cm/年
太平洋プレート
伊豆・小笠原海溝
南海トラフ
3〜5cm/年
フィリピン海プレート
南西諸島海溝
震源の深さ
0
300
600km
500km

出典:地震調査研究推進本部HP

日本列島のまわりは活断層だらけ

日本には約2000もの活断層（p.29）があり、まだ見つかっていない活断層もたくさんあると考えられています。地震を起こす原因となる活断層は、私たちにとって危険な存在ですが、そのいっぽうで、現在の日本列島を形づくるのに大きな役割も果たしてきました。

日本列島には、国土の中に山脈や平野、盆地、湖、入り江など変化に富むさまざまな地形や自然環境が見られます。地形の境目に活断層が見つかることも多く、くりかえされてきた土地の隆起や沈降と深い関係があると考えられています。人びとは、古くから農業などの産業やくらしに、これらの地形を利用してきました。

◉ 日本列島周辺の活断層

赤い線:活断層

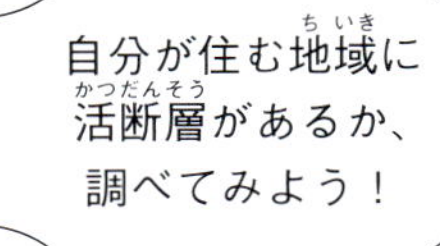
自分が住む地域に
活断層があるか、
調べてみよう！

AREA
城ヶ島
（神奈川県）

城ヶ島灯台近くの逆断層。城ヶ島では、このほかにもさまざまな地質の構造が観察できる。

火山活動と地震は関係があるの？

地震の分布と火山の分布をくらべると、どちらもプレートの境目にそうように集中しています。地震の発生も火山の形成も、プレートの動きが関係しているためです。

また、地震のタイプのなかには、火山の噴火やマグマの移動などが原因で起こる火山性の地震があります（p.28）。地震が火山活動を引きおこすこともあります。ある地域で、集中的に何度もくりかえして発生する地震を群発地震とよび、火山の付近でよく起こることがわかっています。火山と地震は、兄弟のような関係といえるでしょう。

日本で起こった巨大地震

想像をこえるような巨大地震を、日本はこれまでに何度も経験してきた。
そのすさまじい力で引きおこされた災害は、防災やまちづくりの教訓となっている。

関東地震（関東大震災）

1923年9月1日、神奈川県西部を震源に発生。ゆれによる建物の倒壊や土砂災害、大規模な火災などが起こり、10万5000人もの死者・行方不明者を出すなど、日本の自然災害の歴史上最大の被害をもたらした。

人形町（東京都）付近の焼け跡のようす。地震のあとに火災旋風（大規模な火災で起こることがあるつむじ風）が発生し、もうれつな火と風がまちをのみこんだ。

◉ 観測された震度

地震規模はM7.9で震源は相模湾の北西部。埼玉・千葉・東京・神奈川・山梨で震度6以上を観測した。

凡例
- 6 震度6弱～7
- 5 震度5弱～5強
- 4 震度4
- 3 震度3
- 2 震度2
- 1 震度1

出典:気象庁HP

兵庫県南部地震（阪神・淡路大震災）

1995年1月17日、淡路島北部を震源に発生。大都市をおそった内陸型地震（p.29）で、とくに建物の倒壊と火災による大きな被害をもたらした。6000人をこえる死者と多数の負傷者が出ただけでなく、30万人以上の人が避難生活をおくることとなった。

倒壊した阪神高速道路。地震に強いといわれていた高速道路が激震でくずれおち、安全神話は大きくゆらいだ。

◉ 観測された震度

地震規模はM7.3で最大震度は7。神戸や洲本を中心に九州や関東まで、波紋が広がるように震度が分布している。

※震度計と現地調査で震度が決定された。

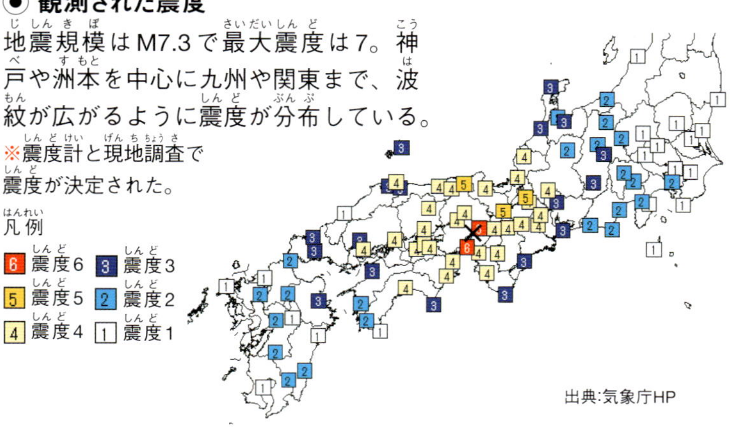

凡例
6 震度6
5 震度5
4 震度4
3 震度3
2 震度2
1 震度1
出典:気象庁HP

東北地方太平洋沖地震（東日本大震災）

2011年3月11日、三陸沖を震源に発生。日本での観測史上最大の巨大地震で、地震後に発生した巨大津波が東北地方の広い範囲に深刻な被害をもたらした。津波が直撃した原子力発電所では施設が破壊され機能が停止し、放射性物質が外部に放出されるなど、その影響は現在まで続いている。

津波と、その後に起きた火事で焼きつくされた宮城県気仙沼市鹿折地区。がれきの中には、打ちあげられた漁船のすがたもあった。

◉ 観測された震度

地震規模はM9.0で最大震度7が観測された。ゆれは、北海道から九州地方まで日本じゅうの広い範囲におよんだ。

凡例
7 震度7
6+ 震度6強
6- 震度6弱
5+ 震度5強
5- 震度5弱
4 震度4
3 震度3
2 震度2
1 震度1

出典:気象庁HP

令和6年能登半島地震

2024年1月1日、能登地方地下を震源に発生した内陸型地震で、ゆれと沿岸地域への津波、さらに火災により大きな被害が出た。また、最大で4mの海岸が隆起する現象が起こり、多くの漁港が干あがるなど人びとのくらしに大きな影響をおよぼしている。

◉ 観測された震度

地震規模はM7.6で最大震度7。石川県、新潟県、富山県など能登半島を中心に強いゆれがおそった。

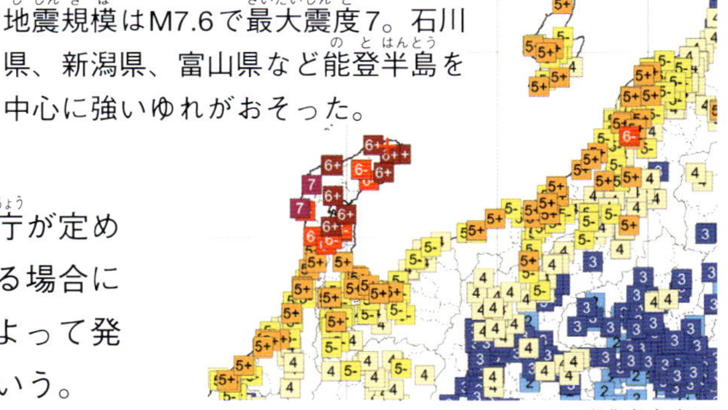

出典:気象庁HP

写真:竹下光士

地震により隆起した海岸。白っぽい部分は地震の前は海の底だった。

用語解説

地震名と震災名

「地震」という自然現象に対して、気象庁が定めた規模と被害の大きさの基準に当てはまる場合につける名前を「地震名」、政府が地震によって発生した災害につける名前を「震災名」という。

コラム

日本の付近で起こった地震

日本では、毎日どこかで、大小の地震が起こっている。2016年以降で起こったたくさんの地震のうち、大きな被害が報告されたおもな地震（⑤～⑫）と、ここで紹介した地震（❶～❹）の場所を見てみよう。

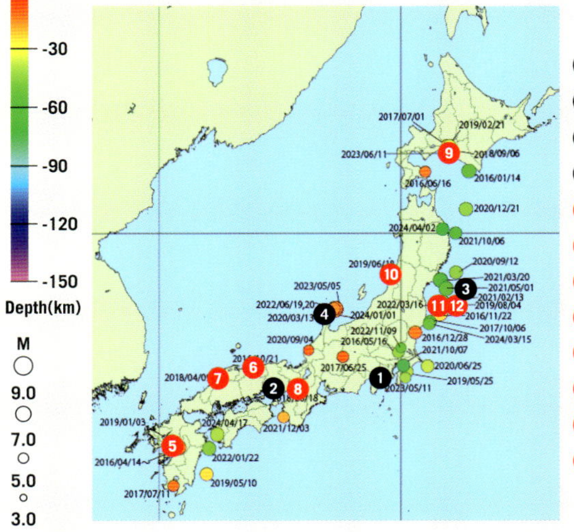
0
-30
-60
-90
-120
-150
Depth(km)
M
9.0
7.0
5.0
3.0

❶ 関東地震（関東大震災）
❷ 兵庫県南部地震（阪神・淡路大震災）
❸ 東北地方太平洋沖地震（東日本大震災）
❹ 令和6年能登半島地震
⑤ 2016年4月16日 熊本県熊本地方など（熊本地震） M7.3/最大震度7
⑥ 2016年10月21日 鳥取県中部 M6.6/最大震度6弱
⑦ 2018年4月9日 島根県西部 M6.1/最大震度5強
⑧ 2018年6月18日 大阪府北部 M6.1/最大震度6弱
⑨ 2018年9月6日 北海道胆振地方中東部 M6.7/最大震度7
⑩ 2019年6月18日 山形県沖 M6.7/最大震度6強
⑪ 2021年2月13日 福島県沖 M7.3/最大震度6強
⑫ 2022年3月16日 福島県沖 M7.4/最大震度6強

出典:気象庁HP資料をもとに作成

くりかえされる巨大地震

日本は世界有数の地震国だ。しかも、何度もくりかえし巨大地震が起こる場所もある。
同じように、世界にもくりかえし巨大地震が起こる場所が知られている。

南海トラフでの巨大地震の歴史

南海トラフとは、東海から九州の海底に連なる深さ約4000mの細長いみぞ状の地形で、ここでフィリピン海プレートがユーラシアプレートの下に沈みこんでいます（p.36）。南海トラフの陸側では、これまで100～150年ごとにくりかえし巨大地震が起こってきました。前回の昭和南海地震から約80年がすぎており、今後数十年のうちにマグニチュード8～9の地震が起こると予測されています。

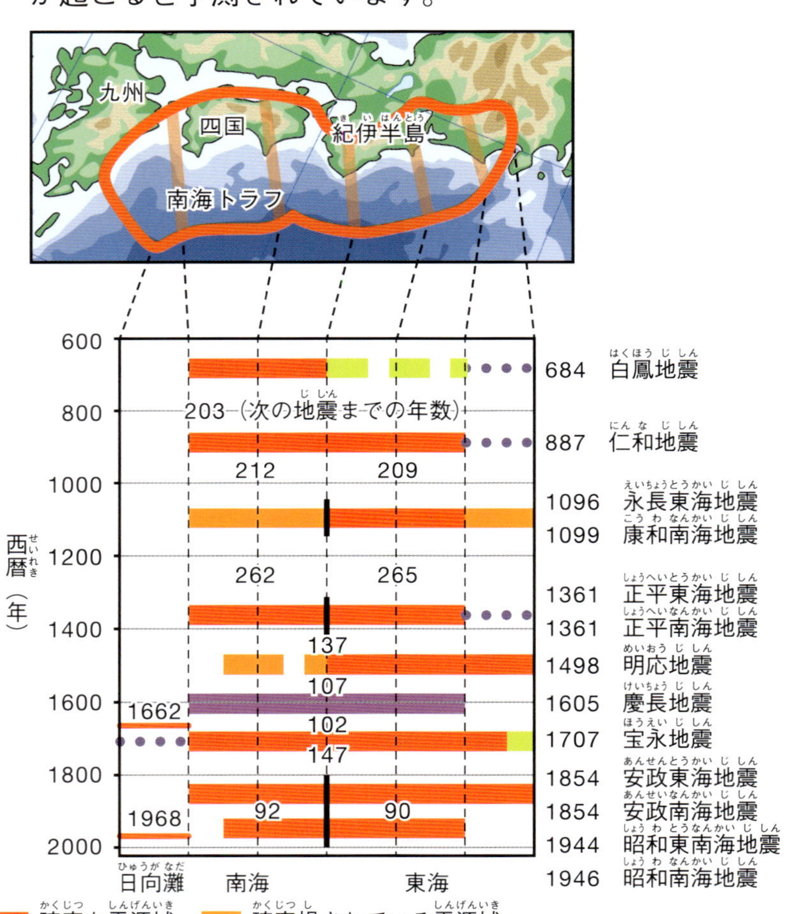

九州
四国
紀伊半島
南海トラフ
600
800
1000
1200
1400
1600
1800
2000
西暦（年）
203（次の地震までの年数）
212
209
262
265
137
107
102
147
92
90
1662
1968
日向灘
南海
東海
684 白鳳地震
887 仁和地震
1096 永長東海地震
1099 康和南海地震
1361 正平東海地震
1361 正平南海地震
1498 明応地震
1605 慶長地震
1707 宝永地震
1854 安政東海地震
1854 安政南海地震
1944 昭和東南海地震
1946 昭和南海地震

確実な震源域　確実視されている震源域
可能性のある震源域　●●● 震源域とする説あり
津波地震？（地震のゆれの記録なし）　━ 日向灘で起きたM7クラスの地震

地震活動には周期性がある？

つねに海洋プレートが沈みこむ海溝では、大陸プレート側でひずみがたまっては解放されるということをくりかえしている。

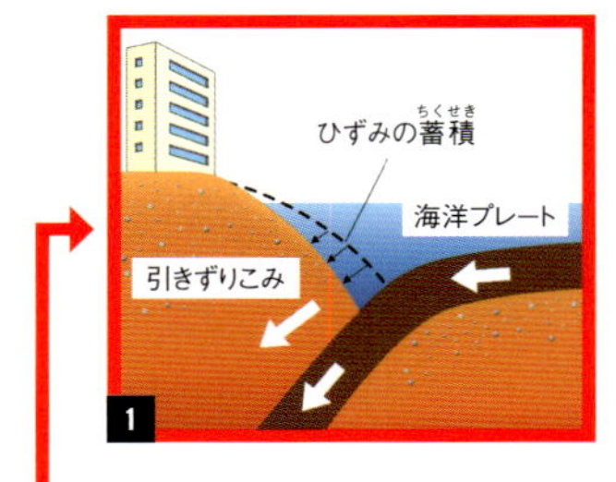

ひずみの蓄積
海洋プレート
引きずりこみ
1

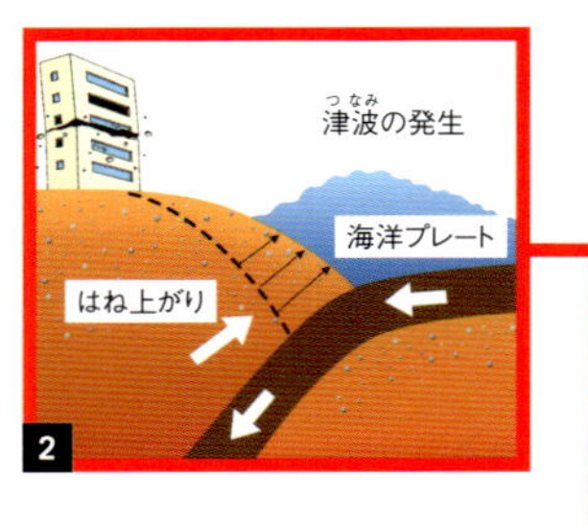

津波の発生
海洋プレート
はね上がり
2

大陸プレートが海洋プレートに引きずりこまれると、海岸付近の地面は少しずつ沈んでいく（**1**）。やがて、岩盤がひずみにたえきれず巨大地震が起こると、海岸付近は急に盛りあがる（**2**）。東海沖や四国沖では巨大地震がくりかえし起こっていて、そのたびに土地が隆起するが、プレート境界のようすが複雑なので、正しく一定の間隔で巨大地震が起こるわけではない。

出典：右図、左図ともに地震調査研究推進本部HPをもとに作成

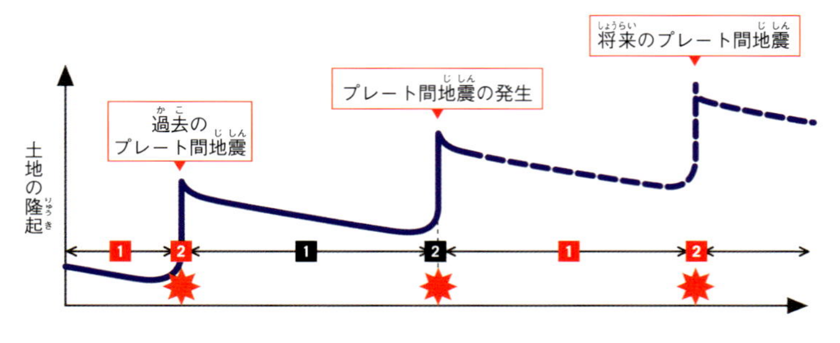

将来のプレート間地震
プレート間地震の発生
過去のプレート間地震
土地の隆起
1
2
1
2
1
2

世界の地震分布

地震は世界じゅうどこでも起こるわけではなく、プレートの境目に集中して発生しています。ただし、すべての地震がプレートの境目で起こるとは限りません。断層が集まっているところや火山のある場所など、プレートの境目以外で起こる地震も少なくないのです。大きな地震は数十年～数百年ごとにしか起こらないため、地震が起こるしくみを解明するためのデータは、まだまだ足りません。

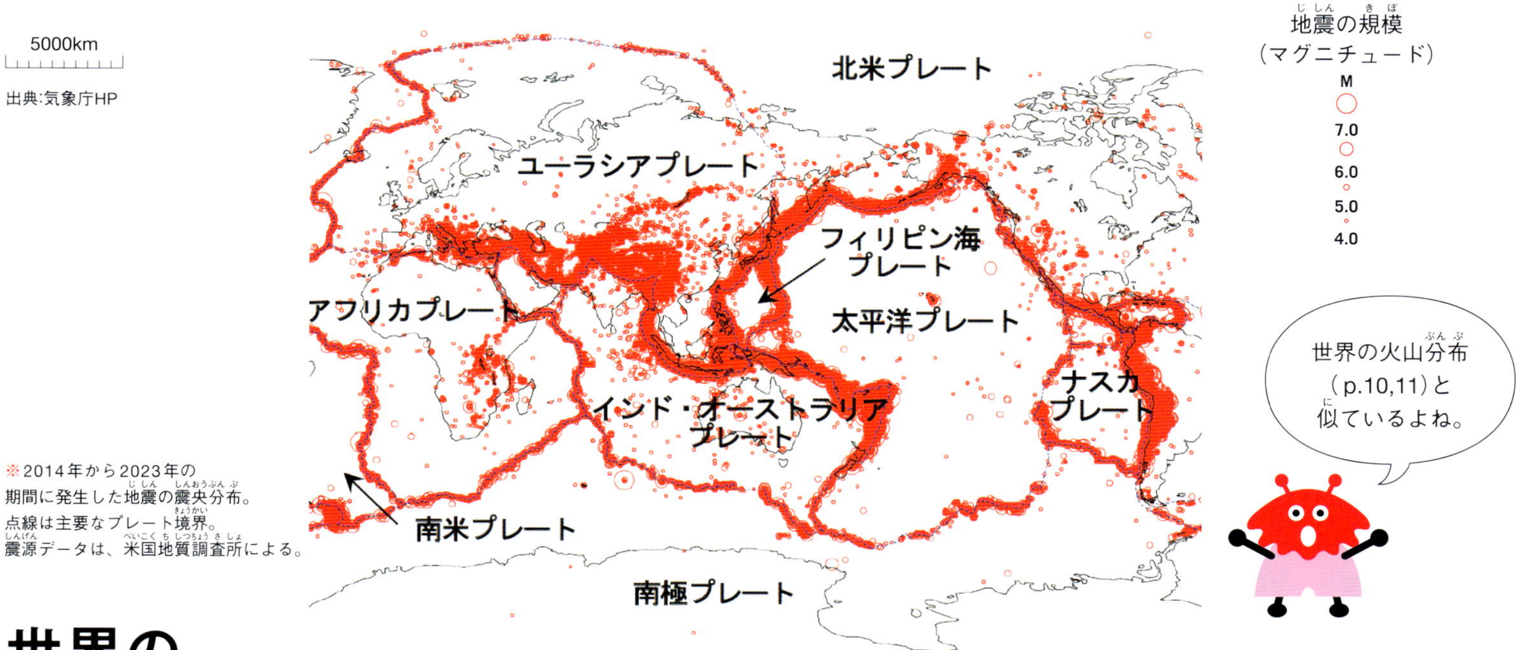
5000km
出典:気象庁HP
北米プレート
ユーラシアプレート
フィリピン海プレート
アフリカプレート
太平洋プレート
ナスカプレート
インド・オーストラリアプレート
南米プレート
南極プレート
地震の規模（マグニチュード）
M
7.0
6.0
5.0
4.0
世界の火山分布（p.10,11）と似ているよね。
※2014年から2023年の期間に発生した地震の震央分布。
点線は主要なプレート境界。
震源データは、米国地質調査所による。

世界の地震多発国ランキング

下の表は、被害を受けた地震の数をくらべたものだ。地球上のどのような場所に位置しているだろうか。世界の地震分布図と見くらべながら、確認してみよう。

順位	国または地域	年間の被害地震の数（1980～2000年平均）
1位	中国	2.10
2位	インドネシア	1.62
3位	イラン	1.43
4位	日本	1.14
5位	アフガニスタン	0.81
6位	トルコ	0.76
6位	メキシコ	0.76
8位	インド	0.67
9位	パキスタン	0.62
9位	ペルー	0.62
9位	ギリシャ	0.62

出典:国連開発計画資料をもとに作成（M5.5以上）

コラム

チリ地震で日本に大津波！

1960年5月、チリ海溝を震源とするM9.5という観測史上最大の巨大地震が発生し、大津波が太平洋一帯に広がった。津波は、約1日後にはチリから1万7000kmもはなれた日本にも到達した。地震の発生時にゆれを感じず想定外だったため多くの被害が出た。

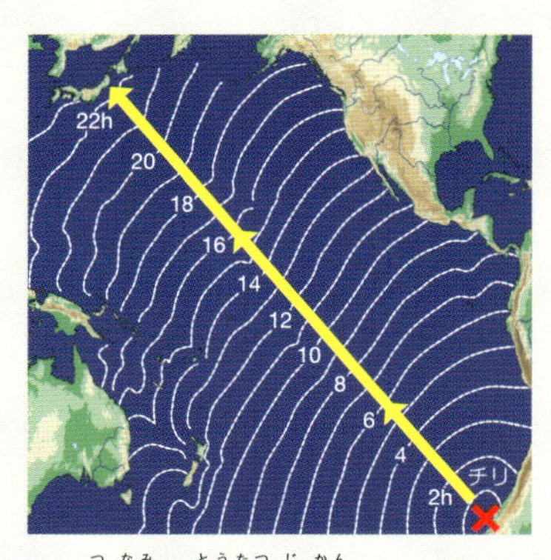
22h
20
18
16
14
12
10
8
6
4
2h
チリ

◉ 津波の到達時間
震源地（×印）で起こった津波は、さえぎるもののない太平洋を伝わっていった。

北海道から九州、沖縄まで沿岸部に津波の被害が広がり、人びとのくらしや産業に大きな影響をあたえた。

地震について学ぼう

日本では、平均すると震度1以上の地震が1年に約2000回も起こっている。長年、地下や海底のようすや動きをさぐってきた後藤忠徳さん（この本の監修者）にお話をうかがった。

インタビュー

穴を掘らずに
地下を調べられる！

◉ 後藤忠徳さん（兵庫県立大学大学院教授）

調査船に乗りこんで、能登半島沖で海底調査をする後藤さん。

野外調査で、道具を使って地下1mを掘削している大学生。

Q：先生が地震に興味をもったきっかけは？

A：まず、私は正しくは地震学者ではなく、地面の下を調べる「地下探査の学者」です。高校時代に、地表面が動いたり地震が起こったりしているなんて、目に見えないのにどうしてわかるのか、ふしぎに思ったのが興味をもったきっかけです。でも、多くのデータを見くらべてみると「やっぱり動いているよね」となって、直接見えない地下や地震のことがわかるのはおもしろいと思ったのです。

Q:地下探査では、実際に穴を掘るのですか？

A：穴を掘るのはお金も時間もかかりますし、地下深くまでは掘ることができません。掘削の世界記録は深さ12kmほどで、地球の半径6400kmからみれば、ほんのわずかです。また、地震が起こる断層はもともとくずれやすく、掘るのがとくにむずかしいのです。

Q:では、どうやって研究するのですか？

A：超音波や電磁波などを、地上や海底のさまざまな装置で記録して、コンピューターで地下を分析しています。これは、お医者さんが人の体を診断するのと似ています。体に穴をあけなくても、X線写真などいろいろな方法で健康状態を調べることができますね。地下のことは少しずつわかってきていますが、研究にはとても時間がかかります。今のデータが何十年後かに意味をもつこともあります。データの積みかさねが新しい発見につながるのです。地球が丸いことだって、昔から予想されていましたが、人類がその目で確認できたのは20世紀のことですからね。

写真・データ:後藤忠徳

陸上だけでなく調査船に乗って海底調査をおこない、地震発生の謎を研究している。

海底で電気や磁気を測定する装置（海底電位差磁力計）を設置するようす。海底の活断層（プレート境界）やそのまわりの電気の通りにくさ（比抵抗）を測定できる。

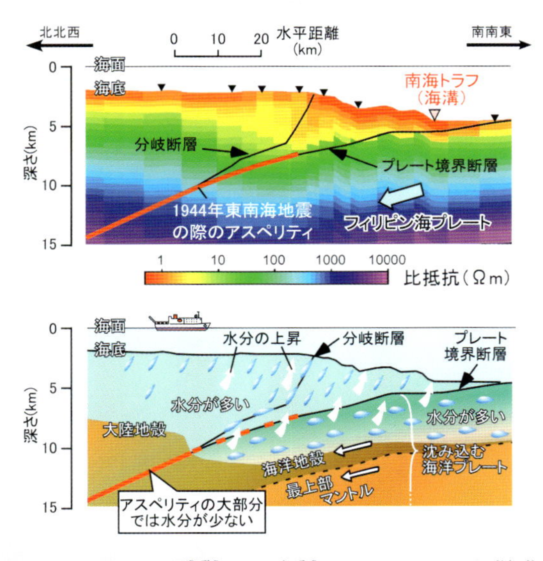
北北西
水平距離
(km)
0 10 20
南南東
海面
海底
南海トラフ
（海溝）
分岐断層
プレート境界断層
1944年東南海地震
の際のアスペリティ
フィリピン海プレート
深さ(km)
0
5
10
15
1 10 100 1000 10000
比抵抗（Ωm）
海面
海底
水分の上昇
分岐断層
プレート
境界断層
水分が多い
水分が多い
大陸地殻
海洋地殻
沈み込む
海洋プレート
最上部
マントル
アスペリティの大部分
では水分が少ない

南海トラフの地下の構造と、予想される地下水の分布を示した研究データ。巨大地震が起こる場所（アスペリティ）は水分が少なく、スロー地震が起こる浅い場所は水分が多いので、水と地震発生には関係があると考えられている。

Q：地震の研究はどこまで進んでいますか？

A：高精度の地震計が日本各地に設置されていて、だれでもリアルタイムで地震情報を知ることができます。地震が起こると、世界じゅうの研究者がアクセスして分析します。地殻変動の膨大なデータもていねいに見ていて、コンピューター上で地震を再現したり、実際に大きな岩盤を用意して、その中がゆがんだりこわれたりするようすを分析したりすることも可能になってきました。

Q：今、注目しているテーマは何ですか？

A：「スロー地震」です。ふつう、地震は断層がとつぜんずれることで起こりますが、断層のくっついている面どうしが、ゆれを感じさせないほどゆっくりすべる「スロースリップ」という現象があり、それによって起こる地震を「スロー地震」とよびます。スロー地震が被害を起こすことはありませんが、巨大地震の引き金のひとつと考えられています。スロー地震がなぜ起こるのか、地下探査で原因をさぐっているところです。

Q：地震を予知することはできますか？

A：残念ながら、できません。地震が起こりそうな場所や大きさは明らかになってきましたが、いつ起こるかはわかりません。たとえば、今もっとも心配されている南海トラフ地震ですが、過去の地震の記録がかぎられていて、どのような周期で巨大地震がくりかえすのかは、よくわかっていません。あと数十年のうちに起こるとは思いますが、「○○年○月」に巨大地震が起こる」などと断言するような話は信じないでくださいね。

災害から身を守る！

いつどこで噴火や地震が起こってもふしぎはない日本列島に、私たちはくらしている。
いざというときに命を守るには、どうしたらいいだろう？

知る・学ぶ

これまで見てきたような火山と地震のいろいろな現象やその痕跡、また被害を受けた人びとはどうやって乗りこえてきたのかなどを、見たり聞いたりしてみましょう。

見てみよう

噴火や地震が発生した痕跡が見られる場所や、それらの地域にある施設などを、見学してみよう。

写真:竹下光士

大昔から噴火をくりかえしてきた伊豆大島（東京都）では、噴火のたびに降りつもった火山灰がつくりだしたしまもようの地層が見られる。身近でも特徴のある地層をさがしてみよう。

写真:気仙沼市東日本大震災遺構・伝承館

2011年の東日本大震災の被災地には、災害の記録と慰霊、復興のための施設がいくつも建つ。気仙沼市東日本大震災遺構・伝承館（宮城県）では、被災した校舎と被災時のようすが震災遺構として保存されている。写真は記録映像で震災を学べるシアター。

1991年6月30日 土石流発生

写真:雲仙岳災害記念館（がまだすドーム）

雲仙岳災害記念館（がまだすドーム）は、1990年、198年ぶりに始まった雲仙普賢岳（長崎県）の噴火による被害を学び復興のシンボルとするとともに、火山という存在を学べる施設だ。写真は、噴火災害の範囲をプロジェクションマッピングであらわしたジオラマ。

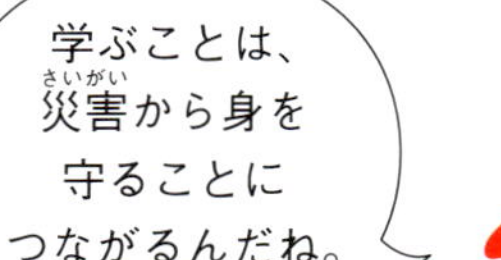
学ぶことは、
災害から身を
守ることに
つながるんだね。

調べてみよう

災害について記した記念碑や残されている資料などを調べよう。
読むのがむずかしいものは、地域の人や専門家にたずねてみるとよい。

1854年の安政東海地震と安政南海地震で津波被害を受けた浪速区（大阪府）に建つ大地震両川口津浪記の石碑。

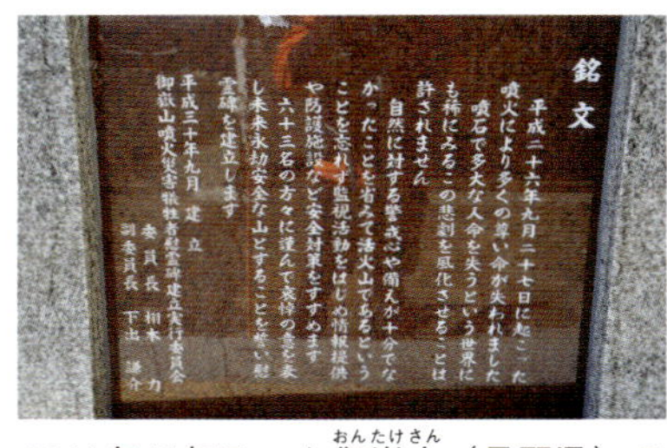

2014年に起こった御嶽山（長野県）の噴火による犠牲者の慰霊碑。慰霊と教訓が刻まれている。

コラム
津波てんでんこ

「津波てんでんこ」とは、三陸地方に古くから伝わる「もし津波が起こったらみんなばらばらでいいから早くにげろ」という言い伝えだ。自分の命は自分で守り、おたがいが信頼しあっていっしょに助かろうということを意味する。

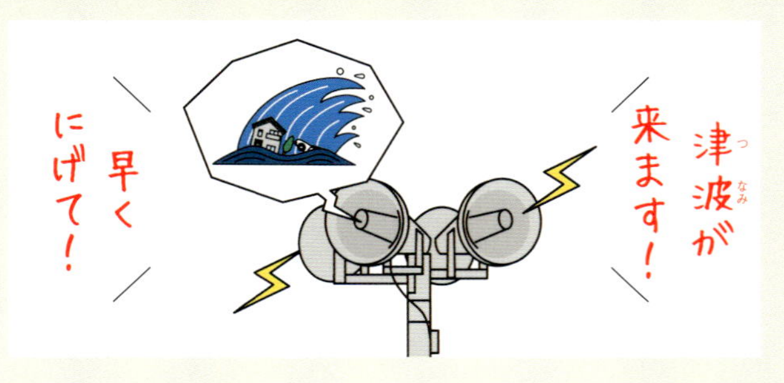
早く
にげて！
津波が
来ます！

備える

噴火や地震は必ず起こるものと考えて、自分の住む地域でどんな対策がおこなわれているかを知っておきましょう。さらに、災害に備えてふだんから準備をしておくと安心です。

正しい情報をキャッチ

どうすれば国や市町村から出される正しい情報をキャッチできるか、家の人といっしょに確認しておこう。

正しいかどうか不明の情報を広めないことも大切だよ。

ハザードマップ

ハザードマップとは、地震など自然災害の防災対策や被害を軽くする目的でつくられた地図。災害の種類によって、発生したときに危険な場所や避難経路、避難場所などの情報が示されている。地域の役所などで手に入れるほか、インターネットで検索することもできる。また、災害の種類を問わず避難に必要な情報を地図上に示した「防災マップ」もつくられている。

国土交通省のハザードマップの画面の例で、「高知県」と「津波」のキーワードで検索したもの。

出典:国土交通省ハザードマップポータルサイト

アプリケーション

スマートフォンのアプリケーション（以下アプリ）やウェブサイトは、自分がどこにいても災害に関する最新の情報や、避難場所などをチェックすることができる。また、各地方自治体のウェブサイトでも、災害時に役に立つ情報をまとめている。ただし、なかには不確かな情報を広める悪質なものもあるので、信用できるウェブサイトを利用するよう注意が必要。

災害時に便利な
アプリとWEBサイト

政府が作成した、信用できるアプリとウェブサイトをまとめたもの。

出典:内閣府HP防災情報のページ

家の中の安全・安心

地震のゆれに備えて、家の中の安全対策をしよう。食料や水、生活に必要な物をそろえておくことも大切だ。

家で飼っているペットのことも忘れないでね！

非常持出袋

食料や懐中電灯など。避難所に持っていったり、家で避難生活をしたりするときに必要な物を目につくところにまとめておくと、いざというときにあわてなくてすむ。

地震でゆれたときに、家具などがたおれたり動いたりしないように、器具で固定しておく。器具は、ホームセンターなどの防災グッズコーナーなどで売られている。

役に立つウェブサイト

火山や地震について調べたいときや、防災に関する情報を知りたいときに、役に立つウェブサイトをチェックしよう。

- **国土交通省防災情報提供センター**
  https://www.mlit.go.jp/saigai/bosaijoho/
- **NHK for School**（「地震」や「火山」などで検索）
  https://www.nhk.or.jp/school/
- **ちょボットの防災ランド - Yahoo!きっず**
  https://kids.yahoo.co.jp/bousai/
- **活断層データベース**
  https://gbank.gsj.jp/activefault/
- **20万分の1日本火山図**
  https://gbank.gsj.jp/volcano/vmap/
- **日本の地震活動**—被害地震から見た地域別の特徴—
  https://www.jishin.go.jp/resource/seismicity_japan/

さくいん

監修（火山）：萬年一剛（まんねんかずたか）

神奈川県温泉地学研究所主任研究員。神奈川県横浜市出身。筑波大学第一学群自然学類卒業。博士（理学、九州大学）。専門は火山地質、降灰シミュレーション、防災対応や噴火メカニズムの研究。著書に『最新科学が映し出す火山 その成り立ちから火山災害と防災、富士山大噴火』（KKベストブック、2020）、『富士山はいつ噴火するのか？ 火山のしくみとその不思議』（筑摩書房、2022）。

監修（地震）：後藤忠徳（ごとうただのり）

兵庫県立大学大学院理学研究科教授。大阪府出身。神戸大学理学部地球科学科卒業。博士（理学、京都大学）。専門は地下探査、地下環境変動のモニタリング技術の研究と開発、巨大地震発生域のイメージ化など。著書に『地底の科学　地面の下はどうなっているのか？』（ベレ出版、2013）、『日本列島大変動：巨大地震、噴火がなぜ相次ぐのか』（ポプラ新書、2018）、『［カラー図解］海底探検の科学』（技術評論社、2023）など。

写真・図版提供／協力（五十音順）
石見銀山資料館、雲仙岳災害記念館（がまだすドーム）、海上保安庁、気象庁、共同通信、気仙沼市東日本大震災遺構・伝承館、国立科学博物館、後藤忠徳、政府地震調査研究推進本部、竹下光士、萬年一剛、amanaimages、NASA、PIXTA 、Shutterstock

参考文献、ウェブサイト（順不同）
萬年一剛 著『富士山はいつ噴火するのか？』（筑摩書房）
萬年一剛 著『最新科学が映し出す火山 その成り立ちから火山災害の防災、富士山大噴火』（KKベストブック）
後藤忠徳 著『地底の科学　地面の下はどうなっているのか』（ベレ出版）
後藤忠徳 著『日本列島大変動：巨大地震、噴火がなぜ相次ぐのか』（ポプラ新書）
GEOペディア制作委員会 編『最新 巨大地震と火山噴火をよく知る本！』（清水書院）
高橋正樹 著『火山のしくみパーフェクトガイド』（誠文堂新光社）
下司信夫 著/斎藤雨梟 イラスト『火山のきほん』（誠文堂新光社）
気象庁HP
政府 地震調査研究推進本部HP
内閣府 防災情報のページHPなど

日本列島5億年の旅

大地のビジュアル大図鑑 2

地球は生きている
火山と地震

発行　　2024年11月　第1刷

装丁・デザイン
矢部夕紀子（ROOST Inc.）
DTP
狩野蒼（ROOST Inc.）
イラスト
マカベアキオ
木下真一郎
文
橋本裕美子
校正
株式会社文字工房燦光
協力
鈴木有一（株式会社アマナ）
編集
栗栖美樹
畠山泰英（株式会社キウイラボ）

監修（火山）：萬年一剛（まんねん かずたか）
監修（地震）：後藤忠徳（ごとう ただのり）
発行者：加藤裕樹
編集：原田哲郎
発行所：株式会社ポプラ社
〒141-8210
東京都品川区西五反田3丁目5番8号　JR目黒MARCビル12階
ホームページ：www.poplar.co.jp（ポプラ社）　kodomottolab.poplar.co.jp（こどもっとラボ）
印刷・製本：瞬報社写真印刷株式会社

ISBN978-4-591-18290-1/N.D.C.453/47P/29cm

日本列島5億年の旅

大地のビジュアル大図鑑

全6巻

N.D.C.450

1. 地球の中の日本列島　監修：高木秀雄　N.D.C.455
2. 地球は生きている 火山と地震　監修（火山）：萬年一剛　監修（地震）：後藤忠徳　N.D.C.453
3. 時をきざむ地層　監修：高木秀雄　N.D.C.456
4. 大地をつくる岩石　監修：西本昌司　N.D.C.458
5. 大地をいろどる鉱物　文・監修：西本昌司　N.D.C.459
6. 大地にねむる化石　文・監修：田中康平　N.D.C.457

小学校高学年～中学向き

・B4 変型判　・各47ページ
・図書館用特別堅牢製本図書